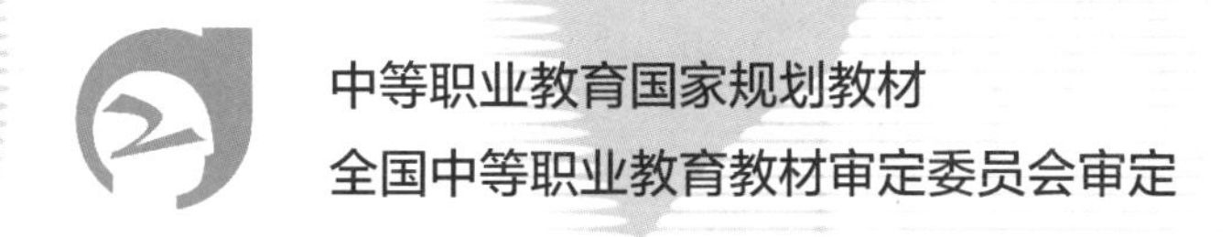

中等职业教育国家规划教材

全国中等职业教育教材审定委员会审定

化妆品化学

主编　佟雪梅

中国教育出版传媒集团

高等教育出版社·北京

内容简介

本书是职业学校美容美体艺术、美发与形象设计专业教材，依据教育部相关课程标准及教学基本要求，并参照相应的国家职业标准和职业技能鉴定规范编写而成。

本书除绪论外，包括六个模块，分别是洁肤类化妆品、护肤类化妆品、特殊用途类化妆品、修饰类化妆品、洗发护发类化妆品、饰发类化妆品。

本书配套电子教案、演示文稿、习题答案等辅教辅学资源，请登录高等教育出版社Abook新形态教材网（http://abook.hep.com.cn）获取相关资源。详细使用方法见本书最后一页“郑重声明”下方的“学习卡账号使用说明”。本书配套清晰图片学习资源，可扫描书中的二维码进行查看，随时随地获取学习内容，享受立体化阅读体验。

本书可作为中等职业教育的专业教材，也可供对化妆品化学有兴趣的读者及化妆品营销人员参考使用。

图书在版编目（CIP）数据

化妆品化学 / 佟雪梅主编. -- 北京 : 高等教育出版社，2023.9

ISBN 978-7-04-060781-9

Ⅰ. ①化… Ⅱ. ①佟… Ⅲ. ①化妆品-应用化学-中等专业学校-教材 Ⅳ. ①TQ658

中国国家版本馆CIP数据核字（2023）第123250号

Huazhuangpin Huaxue

策划编辑 刘惠军　　责任编辑 刘惠军　　封面设计 王 洋　　责任绘图 李沛蓉
版式设计 童 丹　　责任校对 张 然　　责任印制 韩 刚

出版发行 高等教育出版社
社　　址 北京市西城区德外大街4号
邮政编码 100120
印　　刷 辽宁虎驰科技传媒有限公司
开　　本 889 mm×1194 mm 1/16
印　　张 8.5
字　　数 170千字
购书热线 010-58581118
咨询电话 400-810-0598

网　　址 http://www.hep.edu.cn
　　　　 http://www.hep.com.cn
网上订购 http://www.hepmall.com.cn
　　　　 http://www.hepmall.com
　　　　 http://www.hepmall.cn

版　　次 2023年9月第1版
印　　次 2023年9月第1次印刷
定　　价 28.00元

本书如有缺页、倒页、脱页等质量问题，请到所购图书销售部门联系调换

物 料 号 60781-00

前　言

本书依据教育部相关课程标准及教学基本要求，并参照相应的国家职业标准和职业技能鉴定规范编写而成。

本书的教学内容划分为六大模块，以中学化学基础知识为起点，重点讲述与化妆品有关的有机化合物、表面活性剂等化学基本知识，并在讲述人体皮肤和头发生理知识的基础上，介绍洁肤类化妆品、护肤类化妆品、特殊用途类化妆品、修饰类化妆品、洗发护发类化妆品和饰发类化妆品的特点、功效及制作等化学相关内容。

本书编写突出了以下特点。

1. 基础知识由浅入深，循序渐进，专业知识通俗易懂。将化学学科知识和化妆品相关使用功能有机融于任务中，便于学生在学习时掌握与理解，并充分体现教材的系统性。

2. 体现“以学生为主体”的观念，打破学科固有体系，教材内容与岗位工作涉及的化妆品化学知识紧密结合，贴近生活创设情境，引导学生在学习的过程中发现美、创造美，为学生未来的职业生涯发展打下坚实的基础。

3. 编写体例创新。本书既是教学用书，也可作为学生的自学材料，因此在编写体例上突破常规、尝试创新，任务设计中增加了操作性较强的实验，通过观察实验的现象及分析化妆品使用效果，学生能更好地学习化妆品的配方与其产生的功效之间的关系，同时提高科学素养及化学学科的核心素养。每一个教学环节对应相应的实验内容，采取图文并茂的形式，通俗易懂，直观性强，有利于学生理解和掌握。

学时分配表(供参考)

模块	内容	学时
绪论		1
一	洁肤类化妆品	5
二	护肤类化妆品	6
三	特殊用途类化妆品	4
四	修饰类化妆品	5
五	洗发护发类化妆品	5
六	饰发类化妆品	6
合计		32

本书由北京市西城职业学校佟雪梅主编，北京市西城职业学校周京红、姜勇清、夏冬、董宗泽、段梦笛、张岩，润芳可（上海）生物科技有限公司史景辉参编。绪论由佟

雪梅编写；第一、四模块由段梦笛、姜勇清、张岩编写；第二、三模块由董宗泽、姜勇清、张岩编写；第五、六模块由佟雪梅、周京红、夏冬编写。本书由润芳可（上海）生物科技有限公司高文红担任主审。此外，本书在编写过程中得到了行业专家的大力指导与帮助，并提出了许多宝贵意见，在此谨致衷心的感谢。

本书配套电子教案、演示文稿、习题答案等辅教辅学资源，请登录高等教育出版社Abook新形态教材网（http://abook.hep.com.cn）获取相关资源。详细使用方法见本书最后一页“郑重声明”下方的“学习卡账号使用说明”。本书配套清晰图片学习资源，可扫描书中的二维码进行查看，随时随地获取学习内容，享受立体化阅读体验。

由于时间仓促，加上水平有限，书中难免有疏漏之处，敬请专家和读者批评指正，以便再版时予以修正。读者反馈邮箱：zz_dzyj@pub.hep.cn。

编者

2023年5月

目　录

绪　论　001

模块一　007
洁肤类化妆品

任务一　卸妆用品　008
任务二　洁面乳　013
任务三　去角质用品　019
模块总结　021
模块检测　022

模块二　023
护肤类化妆品

任务一　化妆水　024
任务二　乳液　029
任务三　膏霜类护肤品　033
任务四　面膜　039
模块总结　043
模块检测　044

模块三　045
特殊用途类化妆品

任务一　防晒用品　046
任务二　淡斑用品　052
任务三　祛臭用品　056
模块总结　060
模块检测　061

模块四　063
修饰类化妆品

任务一　粉底类修饰品　064
任务二　粉类修饰品　069
任务三　用于眉毛、眼睑的修饰品　072
任务四　眼影与腮红　077
任务五　睫毛膏　081
任务六　唇膏　083
任务七　甲油　087

模块总结 089
模块检测 090

模块五 091
洗发护发类化妆品

任务一 洗发用品 092
任务二 护发用品——护发素 099
任务三 其他护发用品 103
模块总结 107
模块检测 107

模块六 109
饰发类化妆品

任务一 烫发用品 110
任务二 染发用品 118
任务三 定型用品 122
模块总结 125
模块检测 125

参考文献 127

绪　论

化妆品是我们日常生活的必需品，几乎天天都会使用。洗发水、洁面乳、面霜、护手霜、防晒霜、隔离霜、腮红、发胶、眼影、口红等都是常用的化妆品。

一、化妆品

我国《化妆品标识管理规定》指出，化妆品是以涂擦、喷洒或以其他类似的方法，散布于人体表面任何部位（皮肤、毛发、指甲、口唇等）以达到清洁、消除不良气味、护肤、美容和修饰目的的日用化学工业产品。

自古以来，人类就不断追求对自身的美化，目前发现较早关于使用化妆品的记载来自古埃及，当时的古埃及妇女用石青等颜料描画眼睛，用被染成黄褐色的乳脂涂抹面部、颈部和手臂等处，用红色的赭石涂抹颈部。还会拔掉自己的眉毛，再画上长长的假眉毛。

那时的人们主要使用动植物油脂等天然原料直接涂抹在皮肤上。3000多年前的古埃及人会在举行宗教仪式时以及皇族、贵族个人护肤和美容时使用动植物油脂、矿物油和植物花朵的提取物。古罗马人除注意对皮肤的美化和保养外，已经使用一些有芳香气味的物质，如麝香、檀香、樟脑和丁香油，给自己增添迷人的魅力。同时将一些香料放在衣橱里起到防虫防蛀的作用。

我国使用化妆品的历史，也可以追溯到很早以前。在山西省运城市垣曲县周代贵族女性墓的随葬品中有7件精致的微型铜盒，专家在分析铜盒内残留物时，发现了大量动物脂肪、植物精油及朱砂、方解石、霰石等，推测这些物质应该是以动物脂肪为基质，添加植物精油，并可能以朱砂为颜料的美容化妆品。这是目前所知的我国中原地区最早的女性化妆品之一，也是我国先秦时期手工业发展和化妆品应用的重要实物资料。此外，湖北省鄂州市曾出土1盒三国时期的红色化妆品，主要成分为油脂和朱砂，与今天的口红产品类似。专家在陕西省渭南市刘家洼芮国高等级男性墓葬中出土的微型铜罐中发现了美白面霜，主要成分为碳酸钙（钟乳石）和反刍动物脂肪（牛脂），这也是目前发现我国最早的男性化妆品。

事实上，我国古代化妆品的使用最早可以追溯到夏商时期，《诗经》中就有“粉白黛黑”的诗句。粉，应该指的是妆粉，它的用途相当于现在的增白粉底。在《齐民要术》中详细记录有米粉妆粉的制作过程：以大米或粟米为原料，经过浸泡、研磨、沉淀、曝晒等步骤制成“粉英”。大米质地的“粉英”黏性差，容易掉粉，而粟米制成的

“粉英”，黏附性更好，如果使用时加入香料，就可以既美白、又增香，一举两得。曹植在《洛神赋》中，用“芳泽无加，铅华弗御”来形容洛神的美丽脱俗。铅华又是一种粉类，以铅为原料制成，多呈糊状，由于它质地细腻，色泽润白，并且易于保存，所以深受人们喜爱，久而久之取代了米粉的地位。

其实在古代社会，化妆品和护肤品的普及率可能比我们想象的还要高。要是细分的话，可以分为粉、黛、胭脂、洁面用品、洗发用品等。如《汉书》中有用化妆品画眉、点唇的记载；《齐民要术》中介绍了含有丁香芬芳的香粉；《本草纲目》中更是介绍了很多有美容美发功能的中草药及其使用方法，如“胡桃青皮压油涂毛发，色如漆”；《天工开物》中对胡粉（铅华）的制作有非常详细的记载。

18—19世纪欧洲工业革命期间及之后，化学、物理学、生物学和医药学等学科得到了空前的发展，许多新的原料、设备和技术被应用到了化妆品的生产中。在表面化学、胶体化学等学科发展的带动下，生产出了以油和水乳化技术为基础的化妆品。在科学理论指导和人们大量的实践中，化妆品的生产发生了巨大的变化，从过去原始的初级的小型家庭生产，逐渐发展成一门新的专业性的受广大民众欢迎的偌大行业。在此基础上，我国化妆品行业迅猛发展，生产出了大量我们耳熟能详的明星化妆品，也见证了我国民族产业的发展。

随后，化妆品的发展又回归到从各类动植物中萃取精华，如从皂角、果酸、木瓜等天然植物或者从动物皮、肉及内脏中提取蛋白质等，加入化妆品中，制成功能性化妆品（又称疗效性化妆品，作用介于日常化妆品和药物之间），使人们始终追求的美白、去粉刺、去斑、去皱等成为可能。直至今日，这类化妆品还很受欢迎。人们研究开发仿生化妆品，即制造出与人体组织结构相仿并具有高亲和力的生物精华，并将其加入化妆品中，以达到抗衰老、修复受损皮肤等功效，产品包括生物工程制剂和基因工程制剂等，这类化妆品代表了21世纪化妆品研究发展方向之一。

市场上售卖的化妆品琳琅满目，名字也是五花八门，经常给我们推荐、使用化妆品带来困惑，这时就需要了解化妆品的分类。化妆品的分类方法有很多种，可以按照化妆品的剂型分类，也可以按化妆品的使用部位和使用目的分类。

按照化妆品的剂型分类，可以分为水剂类、油剂类、乳剂类、膏状类、粉状类、笔状类、块状类、凝胶状类、气溶胶类、悬浮状类、锭状类等。在化妆品的生产领域，侧重于按照剂型分类。

按化妆品的使用部位和使用目的进行分类，可分为皮肤用化妆品、毛发用化妆品和口腔类化妆品等。皮肤用化妆品可以分为清洁皮肤类、保护皮肤类、美容用、营养皮肤用、药性化妆品等。毛发用化妆品可以分为清洁毛发、保护营养毛发、美发化妆品等。此外还有口腔类化妆品等。

无论什么样的化妆品，对于人体的作用必须是缓和、安全、无毒、无副作用，应主要以清洁、保护、美化为目的。对于添加特殊成分、具有药理活性的化妆品，我们称之为特殊用途化妆品，如具有育发、脱毛、染发、烫发、除臭、祛斑、防晒等作用的化妆品，相关部门的监督是十分严格的。

二、化学

化学是在原子、分子水平上研究物质的组成、结构、性质、转化及其应用的自然学科，简单来说就是研究物质及其变化规律的学科。化学不仅研究自然界已经存在的物质，还要创造并研究自然界中不存在的新物质，如，合成各种表面活性剂、制造各种性能不同的新材料、研究电阻几乎为零的超导体等。化学源自生活和生产实践，并随着人类社会的进步不断发展。

人类从逐渐认识化学到使之成为一门独立的学科，经历了漫长的时间。石器时代的人类学会了使用火和制造简单的工具，使自己变得更加强大。随后人类在生活中观察到了一些物质的变化，如在绿色的孔雀石等铜矿石上面燃烧炭火，会生成红色的铜，开始不断尝试模仿、改进，制造出了更多、更实用的新物质。人类在逐步了解和利用这些物质变化的过程中，学会了用陶土烧制陶瓷，用矿石冶炼金属等，从而创造了光辉灿烂的古代文明。我国是四大文明古国之一，是发明火药、造纸、陶瓷、冶金、印染和酿造等最早或较早的国家。在长期的生活和生产实践中，我国的先人们积累了大量有关物质及其变化的实用知识和技能，并用文字记载的形式传承了下来，如，明代李时珍所著《本草纲目》、朱应星所著《天工开物》，都记录了丰富的化学知识和生产经验。但当时的化学还处于孕育和萌芽阶段，人类对物质变化的认识还是零散的、不系统的，更多地依赖于生活中偶然的发现、生产中的经验以及大胆的猜想。

17世纪中叶以后，化学开始走上以科学实验为基础的发展道路并逐渐形成了独立的学科体系。科学的元素概念、燃烧的氧化学说、原子和分子学说等理论学说奠定了近代化学的基础。道尔顿和阿伏伽德罗等科学家的研究，得出了一个重要的结论：物质是由原子和分子构成的，分子的破裂和原子的重新组合是化学变化的基础。这就是说，在化学变化中分子会破裂，而原子不会破裂，但可重新组合成新的分子。这些观点是认识和分析化学现象及其本质的基础。原子论和分子学说的创立，奠定了近代化学的基础。19世纪中叶，门捷列夫发现了元素周期律并编制出元素周期表，这使化学学习和研究变得有规律可循。原子结构奥秘的逐步揭示和分子结构学说的提出，使人们对物质及其变化本质的认识发生了飞跃。化学研究的领域和视野更加开阔，研究的步伐不断加快。

20世纪以来，经过一代又一代化学家们的不懈努力，我国的化学基础研究获得了长足的发展。1943年，侯德榜发明联合制碱法，为我国的民族化工产业发展和技术创新做出了重要贡献。1965年，我国科学家在世界上第一次合成了具有生物活性的结晶牛胰岛素，20世纪80年代，又在世界上首次人工合成了一种具有与天然分子相同的化学结构和完整生物活性的核糖核酸，为人类揭开生命奥秘做出了贡献。21世纪以来，我国化学科学与技术的发展更加迅速，依靠科技创新，我国已掌握了世界先进水平的炼油全程技术，形成了具有自主知识产权的石油化工主体技术，我们使用的化妆品中很多原料就来自石油化工产品。在社会不断进步和科学技术迅猛发展的背景下，化学与其他学科形成交叉学科，在材料、健康、环境等领域发挥着越来越重要的作用。如全世界都在关注的材料问题，像无机非金属材料、合成高分子材料和复合材料，它们的研制和开发都凝聚化学工作者的智慧与贡献。

三、化妆品化学

从化学成为一个独立的学科开始，化妆品的发展就与化学的发展紧密地联系到了一起。从化学的角度研究化妆品，就有了化妆品化学。化妆品化学的研究内容包括：化妆品原料，如油脂类原料、蜡类原料、烃类原料、合成油脂类原料、粉质原料、胶质原料、溶剂、表面活性剂、辅助原料及添加剂（包括香精、色素、防腐剂、抗氧化剂等）；它们从哪来、有什么样的物化性质、有哪些用途、与其他原料有哪些适配性、对人体安全与否；选用什么样的设备和生产工艺能让化妆品原料有机地混合在一起，起到应有的作用；化妆品对人体能够起到什么样的作用，是能除去污垢，能营养保护、能美化，还是兼而有之；化妆品是怎样发挥作用的；如何检测和评价化妆品等。

化妆品化学不但研究已有的化妆品原料及配方，以得到更好的使用效果，还研究利用不断发展的学科知识和技术，创造出更高效的原料并应用到化妆品的生产中。科技发展永无止境，人类对美的追求孜孜不倦，化妆品行业的发展也不会停止。随着人类对微观世界越来越深入的了解，纳米技术已应用到生活中的方方面面，化妆品化学研究也必将奔向纳米时代，如使用纳米技术制得的硅及硅化合物（如SiO_2），因其光吸收系数比普通原料大很多倍，而研发出具有特殊功能的防晒化妆品。

应绿色低碳环保要求，科学家们正积极研制更环保的原料，以减少对环境的影响。现在护肤化妆品中的乳化剂大都是化学合成的，这既不符合回归大自然的心理趋同，也不符合环保要求，还有可能给皮肤带来刺激。近年来，人们在一些植物种子和动物组织中提取到了较为有效的天然表面活性剂，经显微摄影观察，其颗粒大小细密分布均匀，通过调整配方和采用不同的制作工艺，可以制得不同黏度的、稳定的膏霜和乳液，效果十分理想。化妆品化学研究成果的应用大受欢迎。

学习化妆品化学要提倡“绿色化学”，低碳环保。对化妆品原料的选择首先要考虑其安全性，那些对人体、对环境有害，有污染的原料，要严格按照相关标准控制添加量或不添加。如，重金属铅的化合物有增白的效果，但对人体有害，是不能在化妆品中添加的，一些表面活性剂、防腐剂，有毒性或对人体有刺激性的原料，也不能添加到化妆品中。

将宏观与微观联系起来研究物质及其变化的规律也是学习化学的方法之一。当进行化学实验时，我们可以了解原料的颜色、水溶性、溶液的酸碱性等，原料是否可以与氧气、水等其他物质或其他原料发生化学反应，以及反应产生的各种现象，这些都展示了物质及其变化的美妙的宏观世界。当从分子、原子水平去认识这些变化时，我们感受到的则是一个真实存在的、更加神奇的微观世界。这些认知都离不开科学的仪器、设备及现代化的研究手段。如我们可以用微观的手段去探究化妆品对毛发、皮肤的作用、影响等，从而指导我们正确地使用化妆品，以达到预期的效果。

作为未来美妆从业者中的一员，学好化妆品化学将帮助我们从化学视角更好地了解所使用的化妆品，培养科学精神和社会责任感，从而更好地担当扮美人间的使命。

下面让我们共同开启一段通过化学的窗口探索化妆品的新旅程。

模块一

洁肤类化妆品

皮肤是人体防御体系的第一道防线。健康的皮肤有较强的防御能力，能抵御外界的病菌及灰尘等，对人体起到一定保护作用。同时，拥有自然且健康的皮肤也是人类共同的追求。要想拥有健美的皮肤，保持皮肤清洁非常重要。角化的死皮，汗液皮脂，以及涂抹的化妆品和灰尘等混杂在一起，若不及时清除，会引发各种皮肤问题。洁肤类化妆品作为一类能够去除污垢、清洁皮肤，又不会刺激皮肤的化妆品，已经成为人类日常生活中的必需品。

模块学习目标

1. 了解洁肤类化妆品的分类与组成。
2. 掌握洁肤类化妆品的使用方法与功效。
3. 简单制作洁肤类化妆品。
4. 了解表面活性剂的性质、结构与分类。
5. 了解乳液的一般性质。
6. 了解油质原料的特征。
7. 了解去角质用品的分类及功效。
8. 树立实事求是的精神和科学严谨的态度，有探究精神。树立自主创新的意识、提高民族自豪感和责任感，形成绿色环保的理念。

任务一　卸妆用品

小美的同学最近在学习京剧，咨询小美应该如何将演出时画的妆清洗干净。通过本任务的学习，我们来看小美给同学推荐了哪一种卸妆用品。

任务目标

1．了解卸妆用品的分类与组成。

2．掌握卸妆用品的功效和卸妆原理。

3．了解卸妆用品的常用配方。

4．了解油质原料的特征和分类，认识几种常见的油质原料。

5．树立实事求是的精神和科学严谨的态度，有探究精神，弘扬创新精神和民族自豪感。

知识准备

一、卸妆用品概述

卸妆用品一般可分为卸妆油、卸妆水和卸妆乳（霜）三种。卸妆用品大都含有油质原料，能够溶解皮肤毛孔内的油溶性污垢，适合清洁彩妆和防晒用品等。

1．卸妆油

卸妆油的卸妆能力最强，可以将附着能力强的彩妆如眼影膏完全溶解，再用卸妆棉擦拭即可达到清洁的目的。卸妆油的去污原理是其含有大量的油脂（如矿物油、植物油、辛酸/癸酸甘油三酯），而油脂可以溶解与其化学结构相似的成分（相似相溶原理），如彩妆中的固态烷烃类属于油类，所以当用卸妆油在脸部摩擦时，可溶解脸部的彩妆，从而起到卸妆效果。但是皮肤皮脂腺自然分泌的油脂也会被溶解清除，会导致皮肤干燥，因此干性皮肤应减少卸妆油的使用。

2．卸妆水

卸妆水是卸妆用品中肤感最好的，它的主要成分是大量的水和部分乳化剂。去污原理为：卸妆水中含有乳化剂，乳化剂是一种表面活性剂，同时具有亲水和亲油的特性，可将携带彩妆的油脂分散于水中，继而通过擦拭或清洗除去。由于乳化剂承载油脂的能力有限，一般不能清除太多的油性污垢，因此卸妆水多用于生活淡妆的清洁。

3．卸妆乳（霜）

卸妆乳（霜）的成分介于卸妆油和卸妆水之间，对化妆品中的油脂类成分既有较好的溶解性，又由于有乳化剂的使用，清爽不油腻，卸妆效果比水剂好，但对于浓重的舞台化妆或浓妆也要重复使用几次方可清除。

二、油质原料

油质原料包括油脂和蜡类原料，还包括脂肪酸、脂肪醇和酯等，是化妆品的主要原料之一。

1．油质原料化学

油质原料从物质组成上可分为油脂类、蜡类和油脂或蜡类衍生物原料；从来源上可分为植物油质原料、动物油质原料、矿物油质原料和合成油质原料。天然的动植物油脂、蜡的主要成分都是由各种脂肪酸以不同的比例形成的脂肪酸甘油酯，其结构如下。

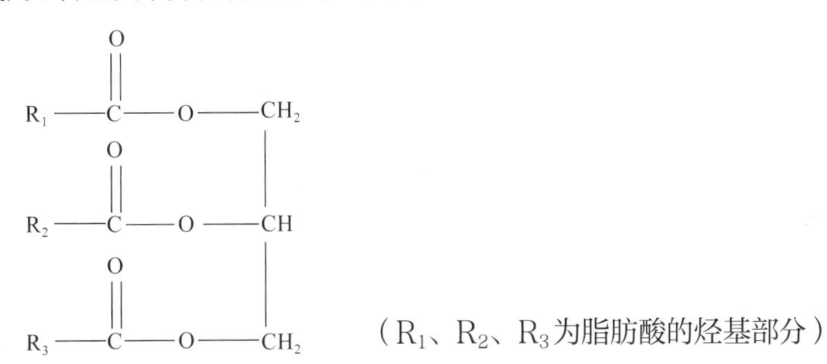

（R_1、R_2、R_3为脂肪酸的烃基部分）

这些脂肪酸由于配比的不同以及生成脂肪酸甘油酯结构的不同而构成了各种不同性质的天然油脂。它们在常温下如呈现液体状态称为油，如呈现固体状态则称为脂。天然油脂中存在的脂肪酸，如果碳链上没有双键，称为饱和脂肪酸，如硬脂酸、棕榈酸，一般呈固体状态；如果碳链上含有双键，就称为不饱和脂肪酸，如油酸，一般呈液体状态。

2．油脂和蜡类应用于化妆品中的主要目的和作用

（1）在皮肤表面形成疏水性薄膜，使皮肤柔软、润滑和具有光泽，同时防止外部有害物质的侵入和防御外界各种因素的侵袭。

（2）抑制皮肤水分的蒸发，防止皮肤干裂。

（3）通过其油溶性溶剂的作用，使皮肤表面清洁。

（4）作为药物或有效活性成分的溶剂，促进皮肤对其吸收。

（5）按摩皮肤时起润滑作用，减少摩擦。

3．化妆品常用油质原料

（1）橄榄油。是由油橄榄果实直接冷榨制取的油脂，为淡黄色或黄绿色透明液体，

有特殊的香味和滋味。它的主要成分是油酸、亚油酸、亚麻酸、棕榈油酸、棕榈酸和硬脂酸，其中油酸（单不饱和脂肪酸最主要的部分）的含量较高。此外，橄榄油还富含多种维生素。不同于其他植物油，当温度低于0℃时橄榄油依然能保持液体状态。由于橄榄油中含亚油酸较少，所以不易氧化。橄榄油的主要产地是意大利和西班牙等地中海沿岸国家。

橄榄油用于化妆品中，具有优良的润肤养肤作用，能够抑制皮肤表面的水分蒸发，同时还具有一定的防晒作用。对于皮肤的渗透性，其与一般植物油相同，比羊毛脂、鱼油差，而比矿物油好。它对皮肤无害，是良好的润肤剂；不易引起急性皮肤刺激和过敏。在化妆品中，橄榄油是制造按摩油、发油、润肤霜、抗皱霜、口红和油包水型香脂的重要原料。

（2）液体石蜡。又称白油、石蜡油、矿物油，是经过常压和减压分馏、溶剂抽提和脱蜡，加氢精制得到的一种无色、无味、透明的黏稠状液体。其主要成分为碳链为16～20的正异构烷烃的混合物。矿物油具有低致敏性、良好的封闭性及油溶性，在化妆品中主要用于发乳、发油、发蜡等各种膏霜类、乳液制品。

（3）凡士林。也叫矿脂，是一种饱和烃类半液态的混合物，由石油分馏后制得。它是白色或淡黄色的均匀的软膏状物，能溶于油类，主要成分为碳链为34～60的烷烃和烯烃的混合物，润肤和保湿效果好，可用于膏霜类制品及发蜡、唇膏等化妆品中。

（4）辛酸/癸酸甘油三酯。是一种清爽的无味油脂，属于棕榈油或椰子油的衍生物，可以使用热分馏的方法从椰子中提取而成。它是无色至淡黄色的油状液体，不溶于水。由于它和人体皮肤有兼容的特征，质感不油腻，也适合油性皮肤使用。将其加入乳霜或乳液中可以改善产品的延伸性，有使肌肤润滑和柔软的效果，并有过滤紫外光的功能，在化妆品中作为柔润剂、溶剂、促渗透剂。

任务实施

评价卸妆水、卸妆乳、卸妆油的卸妆能力

1．用品

彩色唇膏、卸妆水、卸妆乳、卸妆油、化妆棉。

2．步骤

（1）在手臂内侧分别涂抹3块形状体积基本相同的唇膏。

（2）在3块唇膏上分别涂抹卸妆水、卸妆乳和卸妆油。

（3）用3块化妆棉轻轻抹去卸妆用品和唇膏的混合物。

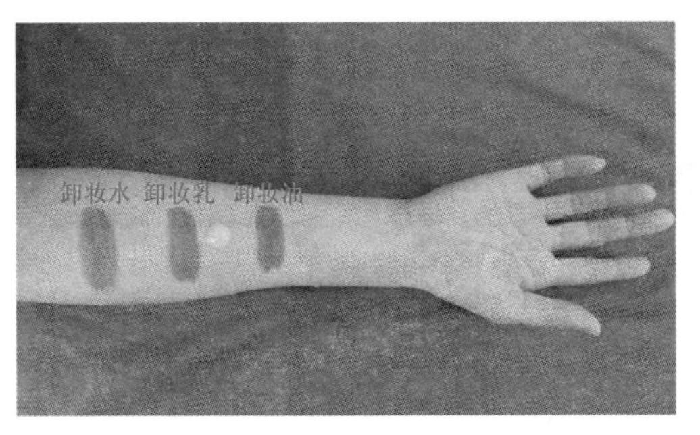

▲ 使用卸妆用品前

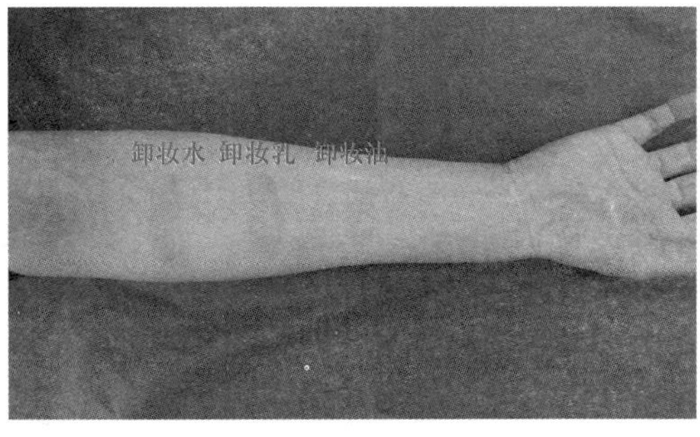

▲ 使用卸妆用品后

使用卸妆用品前

使用卸妆用品后

3．记录并思考

任务实施记录表

实施对比项目	卸妆水	卸妆乳	卸妆油
卸妆力			
肤感			

（1）卸妆水、卸妆乳和卸妆油，哪一种卸妆能力最强？

（2）3种卸妆产品分别是什么质感，哪种肤感最舒适，与所用原料有什么关系？

任务总结

卸妆用品可分为卸妆水、卸妆乳和卸妆油，通常含有水、乳化剂和油质原料。各卸妆用品的卸妆能力排序为：卸妆油＞卸妆乳＞卸妆水。卸妆油含油质原料最多，最油腻，用于卸浓妆；卸妆水含水多，最清爽，卸妆效果一般；卸妆乳（霜）为膏霜质地，清爽度、油腻度和卸妆效果介于前两者之间。

卸妆用品主要是利用油质原料的溶解作用去除皮肤毛孔内污垢。

常见的油质原料有橄榄油、液体石蜡、凡士林等。

任务拓展

1．配方分析——无水洁肤油

成分	质量分数/%
辛酸/癸酸甘油三酯	11.0
PEG-400二月桂酸酯	6.0
液体石蜡	83.0

该配方中的辛酸/癸酸甘油三酯、液体石蜡均为油质原料，起到溶解油污的作用，

而PEG-400二月桂酸酯是乳化剂，有助于清洗油脂。

2．配方分析——清洁霜

成分	质量分数/%
单硬脂酸甘油酯	11.0
鲸蜡醇	3.0
凡士林	10.0
丙二醇	5.0
硬脂酸	2.0
液体石蜡	39.0
失水山梨醇单硬脂酸酯	3.0
去离子水	27.0
香精和防腐剂	适量

该配方中液体石蜡、凡士林为油质原料，起到溶解油污的作用；单硬脂酸甘油酯、鲸蜡醇、失水山梨醇单硬脂酸酯为乳化剂，有助于清洗油脂。

习题

1. 下列物质不属于油质原料的是______。（单选）

   A. 液体石蜡　　B. 橄榄油　　C. 凡士林　　D. 甘油

2. 卸妆油和卸妆水的卸妆原理有什么不同？

3. 以下是某两种卸妆用品的主要成分表（以质量分数由高到低排序），请推断它们是哪一种卸妆用品。

产品1
茶籽油
生育酚乙酸酯
向日葵籽油
茶树提取物

产品2
水
甘油
椰油酰两性基二乙酸二钠
丙二醇
泛醇

任务二　洁面乳

秋天天气干燥，每次用洁面乳洗过脸之后小美都觉得脸部有紧绷的不适感。在老师的建议下她换了一款洁面乳，洗完脸后不适感消失了。

任务目标

1．了解洁面乳的分类与组成。
2．掌握洁面乳的功效和清洁原理。
3．了解洁面乳的常用配方。
4．了解表面活性剂的结构特点，认识乳化剂的作用和类型。
5．树立自主创新的意识，提高民族自豪感和责任感。

知识准备

一、洁面乳概述

洁面乳又称洗面奶，是人们常使用的面部清洁类用品。与香皂相比，洁面乳在具有良好的清洁能力的同时，又能保持皮肤表面的稳态，有些洁面乳还能起到一定的润肤效果。洁面乳的主要成分是油脂、水和乳化剂。与卸妆用品不同的是，洁面乳主要用于清洁日常的皮肤分泌物和少量彩妆类，其清洁原理是利用乳化剂乳化油性污垢，因此使用时一般有大量泡沫，清洗较为方便。使用卸妆油后面部残留的油脂，也可配合洁面乳去除。

按洁面乳中含有的表面活性剂的种类，可将其分为三种：皂基型、氨基酸型和复配型。皂基型洁面乳的特点是泡沫丰富，去污力强，比肥皂类润肤感更好；氨基酸型洁面乳在具有较好去污力的同时，性质温和，刺激性低，但起泡力弱，更适合干性皮肤和敏感肌使用；复配型洁面乳的功效介于前两者之间。

二、表面活性剂

油和水不互溶，而化妆品的主要成分往往含有水、油脂以及分别溶解在这两种物质中的作用成分，如何让水和油混合呢？我们就需要使用表面活性剂，使二者混合成较为稳定的乳或膏霜类。

表面活性剂，是能使目标溶液表面张力显著下降的物质。其具有固定的亲水亲油基团，在溶液的表面能定向排列。

表面活性剂的分子一般是由疏水基和亲水基两部分组成，疏水基不溶于水易溶于油，具有亲油性，又称为亲油基；亲水基易溶于水，不溶于油，具有亲水性，这样的结构使它具有乳化或破乳、起泡或消泡，以及增溶、分散、洗涤、防腐、抗静电等多方面的作用。

按照化学结构对表面活性剂进行分类，可将其分为离子型和非离子型两大类。当表面活性剂溶于水时，能电离生成离子的叫作离子型表面活性剂；在水中不电离的叫作非离子型表面活性剂。按照在水中电离时与亲油基相连的亲水基所带电荷的类型来划分，又可将离子型表面活性剂分为阴离子表面活性剂、阳离子表面活性剂、两性表面活性剂。

化妆品中表面活性剂应用较多的为阴离子和非离子型两种。阳离子表面活性剂一般不能和阴离子表面活性剂复配，但可以和非离子型及两性表面活性剂复配，在洗发液及护发素中有广泛的应用。

表面活性剂的分类与复配

离子型			非离子型
阴	阳	两	+
−	+	+	

+表示相互之间也复配

三、乳化剂的概念与分类

将水和油两种基质中的一种以微粒状分散到另一种液体中所形成的相对稳定体系称为乳液或乳状液，这个分散的过程叫作乳化，为了获得稳定的乳液而加入的表面活性剂称为乳化剂。化妆品中的膏、霜、露等绝大多数为乳液。

一般乳液有两相：一相为水或水溶液，另一相是与水不相溶的油相。化妆品中乳液一般可分为水包油（O/W）型、油包水（W/O）型。油相呈细小的油滴分散在水里的称为水包油型乳液，用O/W表示，例如牛奶就是奶油分散在水中形成的O/W型乳化体。在这种乳液中，水是连续相（外相），油是不连续相（内相），O/W型乳液可用水稀释。水呈很细小的水滴分散在油里的叫作油包水型乳液，用W/O表示，如新开采出的含水原油就是细小水珠分散在石油中形成的W/O型乳化体。这种乳液和O/W型乳液相反，油为连续相（外相），水是不连续相（内相），它只能用油稀释，而不能用水稀释。

乳液是相对稳定体系。加入的乳化剂之所以能使乳液稳定，主要是由于它能在被分散的液滴周围形成具有一定机械强度的保护膜，从而将各个液滴隔开。当它们互相碰撞时，保护膜能够阻止液滴聚结，从而使乳液变得稳定。日常生活中由于温度变化乳液常会发生分层现象，分层现象并不是乳液变质了，如加以振荡，又可乳化恢复成乳液。化妆品乳液，应具有一定的稳定性，至少要能稳定2～3年。

乳化剂是乳液稳定的关键。乳化剂的种类众多，常见的乳化剂大致可分为三类。

1．天然乳化剂

这类乳化剂使用最早，大多数成分比较复杂、表面活性不大，但可以形成牢固的吸附膜，防止乳液分层，因此常用作辅助乳化剂，与其他乳化剂配合使用。这类乳化剂无毒，常用于食品、药物、化妆品等乳液。

属于O/W型的天然乳化剂有磷脂类（如卵磷脂）、植物胶（如阿拉伯胶）、动物胶（如明胶）、纤维胶、海藻胶等。属于W/O型的天然乳化剂有羊毛脂、固醇类（如胆固醇）等。

2．合成乳化剂

它是现在应用得最多的一类乳化剂，又可分为阴离子型、阳离子型和非离子型三大类。其中阴离子型应用最普遍；阳离子型作为乳化剂用得不多，但可兼作高效消毒剂；非离子型近年发展很快，具有不怕硬水、也不受介质pH的限制等优点。

3．固体粉末

黏土（主要是蒙脱土）、二氧化硅、金属氢氧化物等粉末是O/W型乳化剂；石墨、炭黑等是W/O型乳化剂。一般情形下，用固体粉末稳定的乳液的液珠较粗，但稳定。

四、常用乳化剂

1．失水山梨醇硬脂酸酯

对皮肤和眼睛的刺激性小，具有优良的乳化、分散、增溶、抗静电、润滑能力。在化妆品中作为乳化剂、调理剂、柔润剂等使用。

2．十八烷醇

即硬脂醇，是一种脂肪醇，结构简式为$CH_3(CH_2)_{16}CH_2OH$。在室温下，十八烷醇为白色细粒或薄片，不溶于水，毒性低，可用作润滑剂，多用于药膏中的润肤膏、乳化剂和增稠剂。

3．N-月桂酰-L-谷氨酸钠

它是一种氨基酸型表面活性剂，不仅具有良好的易降解性、抗菌性、安全性、无过敏性，而且其作为两性表面活性剂具有水溶性好、抗盐性强以及pH响应性等性质。

任务实施

体验不同类型洁面乳的使用效果

1．用品

皂基型洁面乳、氨基酸型洁面乳、棉签、pH试纸、吸油纸。

2．步骤

（1）用棉签分别蘸取适量皂基型洁面乳和氨基酸型洁面乳，涂于pH试纸上，2分钟内与标准比色卡比色，读出两款产品的pH。

（2）用吸油纸吸取自己额头和鼻翼处的油脂，用洁面乳洁面后擦干皮肤，再用一张吸油纸吸取同部位的油脂。

皂基型洁面乳和氨基酸型洁面乳的pH

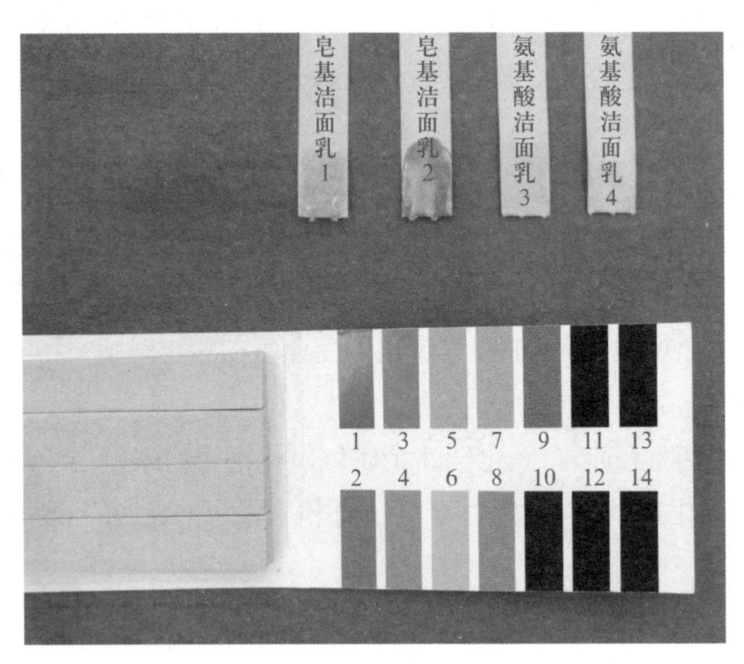

▲ 皂基型洁面乳和氨基酸型洁面乳的pH

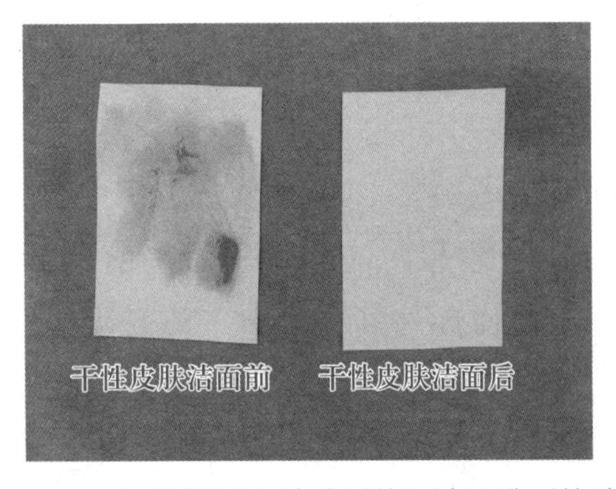

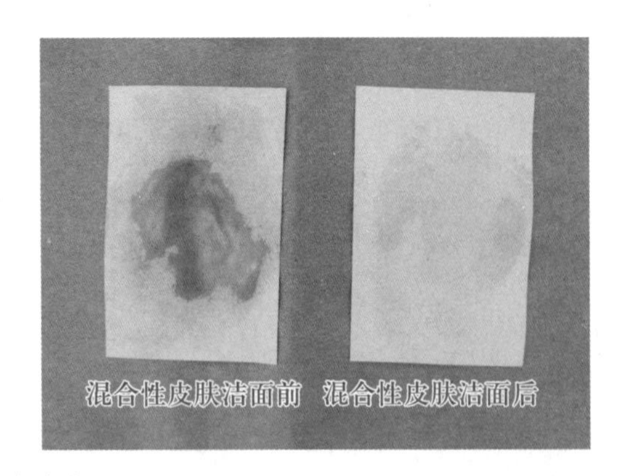

▲ 用吸油纸检测两种肤质使用洁面乳后的油脂变化

3．观察记录并思考

（1）皂基型洁面乳和氨基酸型洁面乳的pH有什么不同？说明了什么？

（2）洁面乳的清洁能力如何？使用其清洁皮肤后应注意什么？

任务总结

洁面乳可以分为皂基型、氨基酸型和复配型洁面乳。皂基型洁面乳的碱性要比氨基酸型洁面乳的强，去油污的效果优秀，且能产生大量泡沫易于冲洗，推荐油性肌肤使用。氨基酸洁面乳更加温和，推荐干性、敏感型肌肤使用。

洁面乳的主要成分是油脂、水和乳化剂，清洁原理是利用乳化剂去除油性污垢。使用洁面乳后，皮肤表面的油性成分会被去除，因此为了防止皮肤干燥紧绷，须注意后续的补水保湿。

表面活性剂的分子一般是由疏水基和亲水基两部分组成，疏水基不溶于水易溶于油，具有亲油性，又称为亲油基；亲水基易溶于水，不溶于油，具有亲水性。表面活性剂能使溶液的表面张力显著下降，分为离子型和非离子型两大类。

任务拓展

配方分析——洁面乳

成分	质量分数/%
硬脂酸	3.0
十八烷醇	0.5
液体石蜡	36.0
丙二醇	5.0
失水山梨醇倍半油酸酯	2.0
聚丙烯酸（1%水溶液）树脂	15.0
去离子水	43.5
香精、防腐剂、螯合剂	适量

该配方中液体石蜡为油脂类，可溶解油溶性污垢；而硬脂酸、十八烷醇及失水山梨醇倍半油酸酯是表面活性剂，能帮助将油相分散于水中，有助于清洗干净。

习题

1. 根据洁面乳的清洁原理，它的乳液类型大多属于______。（填空）
2. 洁面乳的核心成分有哪些?
3. 如何判断分层的乳液是否变质?
4. 下面是某洁面乳的主要成分，试着指出其中的表面活性剂有哪些。

水 甘油 椰油酰甘氨酸钠 月桂基羟基磺基甜菜碱 三叶无患子 柠檬酸 乳酸 糖基海藻糖 丁二醇

任务三　去角质用品

夏天，油性皮肤的小丽的脸上长出了一些痤疮，毛孔也变大了。老师推荐她使用去角质用品。去角质用品有什么作用，作用机理是什么呢？

任务目标

1．了解去角质用品的分类与组成。

2．学习去角质用品的功效和清洁原理。

3．形成绿色环保的理念。

知识准备

一、角质层

角质层是皮肤的最表层，正常情况下，每隔28天上层的角质细胞就会自动更新脱落一次，同时下层新生的角质细胞向上推移。然而由于生理衰老、外在压力及环境因素等互相影响，使皮肤本身的新陈代谢功能渐趋缓慢，造成角质细胞推移缓慢、角质粗厚，外观显示出的就是肤质粗糙、肤纹紊乱，连带使皮肤看起来暗淡没有光泽，显得毫无生气，更间接地影响了后续保养品的渗透吸收力，所以要定期去角质以达到更好的护肤效果。

皮肤的角质细胞老化脱落是正常的新陈代谢过程，如果老化的角质细胞附着在皮肤表面而不及时脱落，会造成一系列的问题：老化角质细胞阻塞毛孔，使分泌的油脂不能顺畅地从毛孔排出，积留在毛孔内造成毛孔粗大，因此产生黑头、粉刺，如被细菌感染后会成为暗疮；同时，死亡的皮肤细胞堵塞毛孔，影响水分的吸收和油脂的分泌，造成皮肤干燥，这些堵塞毛孔的皮肤死亡细胞还会影响正常细胞的新陈代谢，使皮肤氧化程度升高、黑色素细胞不能正常代谢，造成色素沉淀，产生黑斑、雀斑。而去角质用品可以有效去除老化的角质层。

二、去角质用品分类和作用机制

去角质用品根据作用机制不同可分为物理型、化学型和生物型三类。

1．物理型去角质用品

主要是利用磨砂颗粒进行物理摩擦剥除老化的角质细胞。根据摩擦介质的不同，可分为糖粒、盐粒、天然材质类和塑料颗粒类等。相较于化学型去角质类用品，物理型不易刺激皮肤，较为温和，但在与皮肤摩擦的过程中有可能会损伤皮肤。常见的磨砂颗粒有天然植物颗粒或纤维、天然水晶和矿石粉末、塑料等。物理型去角质用品常见产品为磨砂膏。

2．化学型去角质用品

主要是利用酸腐蚀老化角质，然后再用表面活性剂去除。常见的有果酸、水杨酸等，以及部分阳离子表面活性剂。

3．生物型去角质用品

主要是靠生物酶水解角质蛋白，使角质层剥离脱落。如木瓜蛋白酶、角蛋白酶。

敏感性皮肤、长有“痘痘”的皮肤不建议盲目去角质；对于健康的皮肤，也建议1周不超过2次。

任务实施

体验和使用磨砂膏

1．用品

磨砂膏、化妆棉、清水。

2．步骤

（1）在手背上涂抹适量的磨砂膏，感受其颗粒的质地和大小。

（2）用手指顺时针按摩磨砂膏，感受其颗粒对手背皮肤的摩擦感。

3．观察记录并思考

磨砂膏的除角质原理是什么？在使用过程中应注意什么？

任务总结

去角质用品根据原理不同可分为物理型、化学型和生物型三类。

物理型去角质用品的摩擦介质有糖粒、盐粒、天然材质类和塑料颗粒类等；化学型去角质用品主要成分为果酸、水杨酸等，以及部分阳离子表面活性剂；生物型去角质用品主要有生物酶，如木瓜蛋白酶、角蛋白酶等。

去角质用品可去除老化的角质细胞。物理型去角质用品主要是利用磨砂颗粒进行物理摩擦剥除老化的角质细胞；化学型去角质用品主要是利用酸腐蚀老化角质后再用表面活性剂去除；生物型去角质用品主要是靠生物酶水解角质蛋白，使角质层剥离脱落。

任务拓展

配方分析——去角质用品

成分	质量分数/%
水	75
甘油	5
聚山梨醇酯-60	3
角鲨烷	8
鲸蜡硬脂醇	3
硅油	2
胡桃壳粉	4
防腐剂	适量

该配方中胡桃壳粉为摩擦剂，起到去角质的作用。

模块总结

1. 皮肤清洁一般步骤

卸妆用品清除彩妆⟶洁面乳清除残余彩妆或日常皮肤清洁。

2. 清洁原理

（1）利用相似相溶原理以油溶解油污。

（2）利用表面活性剂的亲油基和亲水基，让油污分散水中，清洗除去。

3. 表面活性剂和乳化作用

（1）表面活性剂，指能使目标溶液表面张力显著下降的物质。表面活性剂的分子一般是由疏水基和亲水基两部分组成，在溶液的表面能定向排列。

（2）将水和油这两种基质中的一种以微粒状分散到另一种液体中所形成的相对稳定体系称为乳液或乳状液，这个分散的过程叫作乳化，为了获得稳定的乳液而加入的表面活性剂称为乳化剂。

4. 油质原料分类

油质原料
- 植物油质原料：橄榄油、椰子油、可可脂、巴西棕榈蜡等。
- 动物油质原料：水貂油、羊毛脂、蜂蜡等。
- 矿物油质原料：液体石蜡、石蜡、凡士林等。
- 合成油质原料：角鲨烷、羊毛脂衍生物等。

5. 去角质用品的分类

（1）物理型去角质用品

（2）化学型去角质用品

（3）生物型去角质用品

模块检测

1. 总结出不同肤质皮肤的清洁方案。

2. 选择一款适合自己的洁肤类产品，并通过对其成分的分析说明选择理由。

3. 分组配制卸妆油，互相试用并评价。

（1）用品：橄榄油60mL、去离子水140mL、聚氧乙烯失水山梨醇脂肪酸酯（乳化剂）2mL、防腐剂和香精适量、烧杯、酒精灯、玻璃棒、量筒、温度计。

（2）步骤

① 将去离子水与橄榄油混合并加热至70℃。

② 加入乳化剂并搅拌均匀。

③ 待冷却后加入防腐剂和香精，搅拌均匀。

模块二

护肤类化妆品

人人都希望拥有润泽、健康的皮肤，为了能让皮肤达到理想状态，常常会使用护肤类化妆品。

护肤类化妆品有保护、清洁皮肤，补充皮肤的水分与营养，延缓皮肤衰老，预防某些皮肤病的发生等作用。使用清洁类化妆品洗去皮肤污垢的同时也洗掉了皮脂，需要使用一些护肤类化妆品保护皮肤，避免水分流失的同时滋润皮肤，护肤类化妆品对皮脂膜还可以起到弥补或修复的作用。

模块学习目标

1. 了解护肤类化妆品的分类及组成。
2. 掌握护肤类化妆品的使用方法与功效。
3. 了解护肤类化妆品中常用的溶剂、保湿剂与营养添加物。
4. 了解防腐剂的选用原则。
5. 理解溶液的基本概念，掌握溶液浓度的计算方法。
6. 能简单制作护肤类化妆品。
7. 形成正确的审美观。
8. 树立实事求是的精神和科学严谨的态度，有探究精神、有安全意识。
9. 理解合理开发、利用中国特色矿物、动植物等天然资源的重要性。
10. 了解我国古代医学对天然植物抗菌的研究成果，形成民族自信心和文化认同感。

任务一　化妆水

春季到来，北方的风很大，小美总觉得脸上很干燥，不舒服。同学小丽建议小美可以试试使用化妆水，洁面后涂敷在脸上。

任务目标

1．了解化妆水的分类与组成。
2．掌握化妆水的使用方法与功效。
3．了解化妆水的简单制作方法。
4．了解化妆品常用的溶剂和保湿剂。
5．理解溶液的基本概念，掌握溶液浓度的计算方法。
6．树立实事求是的精神和科学严谨的态度，有探究精神、有安全意识。
7．培养正确的审美观。

知识准备

一、化妆水概述

化妆水属于水剂类的护肤类化妆品。一般在皮肤清洁之后使用，给皮肤角质层补水及保湿，具有清洁、柔软、收敛等功能。化妆水最基本的性能是保湿，同时具有良好的皮肤舒适感，还具有一定的滋润性和易铺展性等性能。如果在化妆水中加入一定的功效成分，可达到润肤收敛、嫩肤除皱、控油防晒等附加功效，但由于它是水剂类化妆品，很多油溶性物质难以溶解在其中，所以附加功效有限。

根据功能不同，化妆水可以分为洁肤用化妆水、收敛性化妆水、柔软和营养性化妆水等，相应的产品则为爽肤水、收缩水、美肤水等。

化妆水的主要成分是蒸馏水（去离子水），还含有保湿剂（如多元醇、聚乙二醇）、收敛杀菌剂（如铝盐、硼酸、乳酸）、柔软滋润剂（如羊毛脂、水溶性硅油、高级脂肪醇）等成分，一般还会添加非离子表面活性剂和两性表面活性剂，用以促进各种成分的溶解，降低溶剂乙醇的含量。

油性皮肤的人更适合使用含有较多乙醇成分和收敛剂成分的化妆水。这类化妆水一般具有收敛、杀菌、清凉、紧肤的作用，能够抑制皮脂腺的分泌，使油性皮肤过于粗大的毛孔收缩，减少皮肤油脂分泌。

干性皮肤和敏感性皮肤的人更适合使用不含乙醇成分的化妆水，并应注意根据个人具体情况，选择添加合适的滋润、营养成分以及适合肤质pH的化妆水。

二、溶液

一种或一种以上的物质以分子或离子形式分散于另一种物质中，形成的均一、稳定的混合物，叫做溶液。例如，将少量食盐溶解在水中得到盐水，盐水是均一、稳定的，称为食盐水溶液。溶液是由溶质和溶剂组成的。一般情况下，把溶解其他物质的化合物称为溶剂，被溶解的物质称为溶质。若两种液体互相溶解时，一般把量多的叫作溶剂，量少的叫作溶质。食盐水溶液中，食盐是溶质，水是溶剂。

1．化妆品常用溶剂

（1）水。分子式为H_2O，相对分子质量是18，常温下为无色、无味、透明的液体。水是化妆品制作中最重要、使用最多最广泛的溶剂，具有为皮肤补充水分、柔化角质层、保湿等功能。水能与乙醇、丙二醇等以任意比互溶。水质量的好坏对化妆品的产品质量有重要的影响。化妆品所用的水，要求水质纯净，无色无味，无污染，不含钙、镁等金属离子，无杂质，且要经过除菌或灭菌处理。现在广泛使用的是去离子水。目前制备去离子水常用离子交换树脂进行离子交换使水软化，得到所需的去离子水。

（2）乙醇。俗称酒精，结构简式为C_2H_5OH，常温常压下是一种无色、透明、有特殊香味的液体，易燃、易挥发，低毒性，能与水、甘油以任意比互溶，能溶解许多有机物和无机物，是制备化妆品的优良溶剂，具有杀菌消毒和收敛等特性。化妆品中添加的乙醇都是经过特殊处理的专用乙醇。它是香水、古龙水和花露水的主要成分，用量比例为60%～95%。还可用于化妆水、精华液、乳液、防晒、洁面乳等产品中。乙醇对皮肤有一定的刺激作用，一般不建议干性皮肤用乙醇溶剂的化妆品，对乙醇过敏的人或敏感皮肤者不能使用乙醇溶剂化妆品。

2．溶液浓度

溶液浓度可以用多种不同的方法来表示，常用到的是以下三种。

（1）质量分数。溶液的质量分数表示为：溶液总质量（溶质与溶剂质量之和）中含有的溶质质量比例，又称质量百分比浓度。

$$质量分数=\frac{溶质的质量}{溶液的质量}\times 100\%$$

例如，杀菌消毒一般使用75 %的乙醇溶液，即用75 g乙醇和25 g水配制成100 g溶液。

[例题] 配制75 %的乙醇溶液200 g，需要乙醇和水各多少克?

[解] m（乙醇）=200×75 %=150（g）

m（水）=200-150=50（g）

答：配制200 g 75 %的乙醇溶液需要150 g乙醇和50 g水。

（2）体积比浓度。溶液的体积比浓度表示为：两种或两种以上液体的体积比来表示溶液浓度。例如，用1 mL浓硫酸和10 mL水配制得到1∶10的硫酸溶液。

（3）质量浓度。溶液的质量浓度表示为：单位体积溶液中含有的溶质质量。常用单位为g/L。

$$\text{质量浓度（g/L）} = \frac{\text{溶质的质量（g）}}{\text{溶液的体积（L）}}$$

例如，某化妆水中甘油成分的质量浓度表示为7 g/L，即为1 L化妆水中含有7 g甘油。

三、化妆品常用保湿剂

给皮肤补充水分防止干燥为目的的高吸湿性水溶性物质称为保湿剂。保湿剂是化妆品的必备原料，水分靠保湿剂以结合水的方式被角质层吸收，能否被角质层吸收也是评价化妆品优劣的关键因素。另外，保湿剂还可降低产品的凝固点，改善其他原料在水中的溶解性。常用的保湿剂有以下5类。

1．多元醇类保湿剂

甘油（丙三醇）、丙二醇等是化妆品中常用的保湿剂，具有吸收湿气、延迟挥发、降低凝固点的作用，在化妆品中的用量一般为2% ～ 10%。

（1）甘油。又称丙三醇，甘油为透明黏稠液体，无色、无臭、味甜，能从空气中吸收湿气，与水、乙醇以任意比例混溶。甘油在化妆品中主要作为保湿剂、溶剂，是使用最广的保湿剂，也作为防冻剂用。甘油具有吸水作用，保湿护肤品常常用它吸附空气中的水分子，令其覆盖的皮肤角质层保持湿润。甘油的这一特性，导致它的保湿效果容易受到空气中湿度的影响。在湿度较低的季节或环境中，甘油在空气中吸收不到足够的水分，反而会从肌肤真皮中吸取水分，使皮肤更加干燥，甚至出现脱水。

（2）山梨醇。是以葡萄糖为原料制得的，为白色结晶粉末，略带甜味。山梨醇具有良好的吸湿性，安全、化学稳定性好，在化妆品中的用量一般为1% ～ 10%。

2．透明质酸

又称为玻尿酸，属于天然保湿剂，是人类皮肤中存在的保湿成分，有较强的保湿性，安全无毒，对人体皮肤无任何刺激性。透明质酸是目前化妆品中性能优异的保湿剂品种之一，可以渗透到皮肤的真皮层等组织，起到润滑与滋养作用。

3. 吡咯烷酮羧酸钠

是人类皮肤中存在的天然保湿成分，由表皮中的丝质蛋白分解得到。可以使皮肤具有很强的湿润感和光滑柔软感，起到抗皱嫩肤的作用，是被广泛用于化妆品中的保湿剂。

4. 乳酸和乳酸钠

乳酸是人体表皮天然保湿因子中的主要水溶性酸类物质，可使皮肤柔软、增加皮肤弹性。乳酸钠有很强的保湿作用，它的保湿效果比甘油好。乳酸和乳酸钠还可组成缓冲溶液，起到调节皮肤pH的作用，干扰细菌的繁殖过程。

5. 水解胶原蛋白

主要体现在保湿性、延缓衰老等方面的作用。因为水解胶原蛋白中含有氨基、羧基和羟基等亲水基团，能快速渗透进入皮肤，与角质层中的水结合，产生强力水合作用，锁住水分。它还能从外界环境吸水，对皮肤有很好的保湿性。

任务实施

比较化妆水和乳液

1. 用品

化妆水、乳液、化妆棉。

2. 步骤

（1）观察化妆水、乳液的流动性。

（2）在小臂内侧，从上到下依次涂敷化妆水和乳液。

使用化妆棉吸满化妆水，敷于小臂上部，保持5分钟左右。

取约黄豆大小的乳液均匀涂抹在小臂下部。

3. 观察记录并思考

（1）化妆水和乳液的流动性有什么不同？

（2）化妆水和乳液在皮肤上涂敷时延展性有什么不同？

（3）化妆水和乳液的流动性和涂敷延展性不同，原因是什么？

（4）与同学们交流一下你使用过的化妆水，有什么感受，其与化妆水的组成有什么关系？

任务总结

化妆水的使用效果：清洁、保湿、调理皮肤，平衡皮肤的pH，收缩毛孔，可使皮肤柔软，保持皮肤滋润、光滑。

化妆水的主要原料有水、保湿剂、收敛杀菌剂、滋润剂等。

一种或一种以上的物质以分子或离子形式分散于另一种物质中，形成的均一、稳定的混合物叫做溶液。溶液由溶质和溶剂组成。

表示溶液浓度的方法有：①质量分数；②体积比浓度；③质量浓度。

化妆品中常见的溶剂有水和乙醇，常用的保湿剂有多元醇类、透明质酸、吡咯烷酮羧酸钠等。

习题

1. 化妆水的作用是什么?
2. 化妆水的主要成分有______。(多选)

   A. 油脂　　B. 保湿剂　　C. 乳化剂　　D. 水
3. 下列物质中，可以用作溶剂的有______。(多选)

   A. 乙醇　　B. 羊毛脂　　C. 山梨醇　　D. 水
4. 下列物质中，常在化妆品中用作保湿剂的有______。(多选)

   A. 乙醇　　B. 丙三醇　　C. 玻尿酸　　D. 羊毛脂
5. 调查在市场上销售的护肤品中常用到的保湿剂。
6. 结合自己和同学的皮肤类型，谈谈挑选和使用化妆水时需要注意哪些问题。

任务二　乳液

夏天悄悄来临，天气越来越热。小美的面部容易出油、出汗，她希望找到一款质地清爽、能长效保湿控油的护肤产品。同学小丽给小美推荐了一款润肤乳液，用起来果然面部少了油腻感。

任务目标

1．了解乳液的分类与组成。
2．了解护肤类化妆品中常用营养添加物。
3．掌握乳液的使用功效。
4．树立实事求是的精神和科学严谨的态度，有探究精神和安全意识。
5．理解合理开发、利用中国特色矿物、动植物等天然资源的重要性。

知识准备

一、乳液概述

乳液为乳化体，呈现状态介于水剂和膏霜类护肤品之间，黏度较低，有流动性，可以倾倒。乳液较舒适滑爽，易涂抹，延展性好，无油腻感，可补充角质层水分，尤其适合夏季使用。乳液主要含水、乳化剂和油质原料，其中油质原料的含量不大于15%，所以多为O/W型乳化体。呈液体状态能流动的乳液又称为蜜或乳（奶），如润肤蜜、营养润肤奶（液）。

乳液是一种性能优良的载体，其优点和作用如下。

（1）补充水分：乳液中含有少则10%，多则80%的水，可以直接给皮肤补充水分，使皮肤保持湿润。

（2）补充营养：由于乳液中含有油质原料，可以滋润皮肤，使皮肤柔软。

（3）在其中添加活性成分，可以达到特定的护肤功效。

质量优良的乳液黏度适中，易于倾出或挤出。与皮肤亲和，易于在皮肤上铺展开，肤感润滑；无黏腻感。使用后能保持一段时间持续湿润，起到保护和滋养皮肤的作用。可减少皮肤水分流失，帮助皮肤维持正常的生理功能。在乳液中加入的营养物质，成分与皮脂相接近，可起到防御外界刺激和抵抗细菌感染等作用，例如针对油性皮肤使用的产品中含有维生素C、收敛剂，干性皮肤使用的乳液中含有保湿剂等。

二、护肤类化妆品中常用的营养添加物

1．维生素

维生素对人体生理功能起重要调节作用，是在体内微量存在的一类化合物，是必须从外部获取的必需营养素。

维生素可分为水溶性维生素和脂溶性维生素。水溶性维生素主要有维生素C和维生素B，脂溶性维生素有维生素A、D、E、K等。人体缺乏某些维生素可引起皮肤代谢失调，在化妆品中适量添加维生素，对皮肤、头发和指甲的保护、调理具有重要的作用。

由于人体皮肤的皮脂膜为脂溶性，水溶性维生素难以直接被皮肤吸收，需要通过化学方法对分子进行修饰，才能广泛应用于化妆品中。

（1）维生素A。为脂溶性维生素，不溶于水，微溶于乙醇，是微黄色油状液体或微黄色结晶，加热不易降解但易被氧化。主要存在于鱼类的肝油、动物的肝脏、蛋黄、牛奶、黄色蔬菜中。可通过皮肤吸收，有助于皮肤柔软滋润，能延缓皮肤衰老，还有对粉刺进行局部治疗的作用，主要用于膏霜类和乳液类护肤品中。

（2）维生素B。包括维生素B、B_1、B_2、B_6和烟酸、泛酸等，为水溶性维生素。多从大豆、酵母、动物肝脏、脱脂奶中提取。具有防治皮肤粗糙、脂溢性皮炎、粉刺和头屑的作用，能促进皮肤新陈代谢，多用于油性皮肤润肤霜及面膜。添加进护肤品时需要将其分子改造为脂溶性衍生物。

（3）维生素C。又名抗坏血酸，是白色结晶或结晶性粉末。在水果（特别是柑橘类、草莓、菠萝、柿子）、叶菜（芹菜、菠菜、菜花、青椒、卷心菜）、绿茶中存在较多。维生素C为水溶性维生素，遇空气或加热都易被氧化，在酸性溶液中较稳定。化妆品中添加的是脂溶性的维生素C衍生物，其稳定性和皮肤吸收效果都得到有效的增强。维生素C具有还原性，是良好的抗氧化剂，具有防治色素沉着，预防产生老年斑、雀斑，延缓皮肤衰老等作用，多用于膏霜和乳液类制品。

（4）维生素E。又名生育酚，为脂溶性维生素，能经皮肤吸收，易溶于化妆品的油相中。具有保护皮脂，防止色斑的生成，减少皮肤皱纹、延缓皮肤衰老，润肤和消炎等作用。在护肤霜膏、乳液、护发产品、唇膏、防晒等产品中都有广泛应用。

2．蛋白质和氨基酸

蛋白质是天然有机高分子化合物，广泛存在于生物体内，是组成细胞的基础物质。动物的皮肤、肌肉、血液、乳汁以及毛发、角等都是由蛋白质构成的。蛋白质是由大约20多种氨基酸缩合形成，在酸、碱或酶的作用下发生水解反应，生成各种氨基酸。

分子中含有氨基和羧基的化合物叫氨基酸。氨基酸是蛋白质的基本组成单位。一分子氨基酸中的羧基与另一分子氨基酸中的氨基之间发生消去反应失去水分子，经缩合反

应而生成的产物叫作肽，其中的—CO—NH—结构叫做肽键。由多个氨基酸分子形成含有多个肽键的化合物是多肽。多肽和蛋白质之间没有严格的区别，一般常把相对分子质量小于10 000的叫作多肽，蛋白质相对分子质量可从10 000至数千万。蛋白质的结构非常复杂，不同结构的蛋白质之间即使是化学组成不变，只是空间结构发生了变化，它的生理功能也会发生变化。

蛋白质在某些物理、化学因素作用下，其空间结构发生改变，使蛋白质的理化性质和生物活性发生变化，这种现象称为蛋白质的变性。变性后的蛋白质称为变性蛋白质。能使蛋白质变性的因素有强酸、强碱、重金属盐、丙酮和乙醇等化学因素，以及加热、干燥、高压、振荡、紫外线等物理因素。所以，可以采用煮沸、紫外线照射等方法进行杀菌消毒。

化妆品中添加的蛋白质和氨基酸多由动物的皮提取，吸湿性强，对皮肤作用温和，可促进皮肤组织再生，与皮肤亲和性好，有利于化妆品中的营养物质渗入皮肤。

3．骨胶原

骨胶原能全溶于水或其他溶剂，营养成分极其丰富，易被皮肤内胶原吸收。

4．超氧化物歧化酶（SOD）

SOD是人体内的一种酶，具有清除超氧阴离子自由基的作用。SOD对皮肤渗透性强，可阻止色素沉淀，有淡斑增白作用，同时对皮肤瘙痒、痤疮和日光性皮炎具有一定的治疗作用。

5．尿囊素

尿囊素是一种乙内酰脲衍生物，为白色结晶状粉末，能溶于水，具有软化角蛋白、促进细胞新陈代谢的功效，可以加快伤口愈合。具有杀菌防腐、止痛、抗氧化的作用，能使皮肤保持水分，滋润和柔软，被广泛用于各种类型护肤护发产品。

6．芦荟提取物

芦荟提取物的主要成分是芦荟苷和芦荟大黄素，还包含丰富的维生素、氨基酸、多糖、活性酶以及微量元素，具有吸收紫外线，防止皮肤晒伤的作用，还具有促进皮肤细胞再生、止痛消炎等作用，多用于防晒产品和晒后修复产品。

任务实施

课堂讨论

一位女性顾客的脸上有粉刺，面部皮肤呈油性，需要选择一款面部乳液。请你出谋划策，含有什么营养添加物的乳液更适合她?

任务总结

乳液是介于水剂和膏霜类之间的乳化体。有流动性，延展性好，无油腻感，多为O/W型乳化体，尤其适合夏季使用。

乳液中含有油脂，可以滋润皮肤。还可以添加营养成分，如维生素类、蛋白质、超氧化歧化酶和一些天然提取物，达到特定的护肤效果。

习题

1. 乳液的作用是什么?
2. 乳液的主要成分有哪些?
3. 配制乳液必备的成分有______。(多选)

   A. 水相　　B. 乳化剂　　C. 香精　　D. 油相
4. 调查市场上销售的护肤品，其常用到的营养添加物有哪些，分别起到什么作用?

任务三　膏霜类护肤品

秋天到了，北方的天气越来越干燥，小丽继续使用夏天时用的护肤产品，但感觉不够滋润了，涂抹在面部后很快便干燥紧绷。小美推荐她可以试试质感更厚重、油脂成分含量更高的膏霜类护肤品。

任务目标

1．学习膏霜类护肤品的分类与组成。
2．掌握膏霜类护肤品的使用、功效。
3．了解防腐剂的作用及常用防腐剂。
4．树立实事求是的精神和科学严谨的态度，有探究精神。
5．理解合理开发、利用中国特色矿物、动植物等天然资源的重要性。
6．了解我国古代医学对天然植物抗菌的研究成果，形成民族自信心和文化认同感。

知识准备

一、膏霜类护肤品概述

膏霜类护肤品是经乳化的膏状体系护肤品，是品种最为繁多，使用最为方便、广泛的护肤美化妆品之一，如日霜、晚霜、面霜、眼霜、护手霜、保湿霜。

膏霜类护肤品主要成分为油脂、蜡和水（包括水溶性物质）以及乳化剂等，还可以根据不同需要添加其他有效成分。油质原料含量一般为10%～70%，具有较好的皮肤渗透力，能保持皮肤水分的平衡，还能补充重要的油性成分、亲水性保湿成分和水分，并且可以作为活性成分和药剂的载体，使它们能被皮肤吸收，达到调理和营养皮肤的目的。它的pH一般为4～6.5，与皮肤的pH很接近，使用后在皮肤表层形成一道良好的保护膜，对皮肤不仅起到滋润作用，还可以帮助皮肤抵御外界环境的伤害。

市售的膏霜类护肤品名目、品种繁多且新品种层出不穷，但是从其主要成分的乳化类型来分类的话，可分为O/W和W/O两大类型。其中雪花膏和冷霜是两种典型的、传统性的膏霜类化妆品，前者多为O/W型乳化体膏霜，后者多为W/O型乳化体膏霜。

1．雪花膏

雪花膏的膏体洁白细腻，搽涂在皮肤上会很快融入皮肤，就像雪花在皮肤上融化一样，故而得名。

雪花膏属于O/W类型乳化体，含水量可达80%左右，主要原料为硬脂酸、碱类物质、水和香精。一部分硬脂酸和碱类物质（氢氧化钾、氢氧化钠、三乙醇胺等）发生皂化反应，生成硬脂酸盐作为乳化剂，硬脂酸和水在乳化剂的作用下乳化，就得到了雪花膏。它是一种非油腻性的护肤用品，涂在皮肤上后，水分很快蒸发，由硬脂酸、硬脂酸皂和保湿剂组成的薄膜留在皮肤表面，保护皮肤水分不流失，避免皮肤因干燥而引起的龟裂、瘙痒，起到保湿的作用。按轻工行业标准要求，雪花膏的pH为4.0～8.5。

雪花膏中常用的保湿剂有甘油、丙二醇、山梨醇和聚乙二醇等，保湿剂使产品具有保湿、柔软、滋润皮肤的作用。雪花膏适合在夏天使用，可以作为妆前乳、底霜，也可在剃须后使用，使用感舒适爽快，没有黏腻感，因此也比较适合油性皮肤使用。

2．冷霜

冷霜又称香脂或护肤脂。最早的冷霜大约出现在公元前100年，由蜂蜡、橄榄油和玫瑰水混合制得。由于当时配方制得的乳状液不够稳定，涂于皮肤上后有水分离析出，水分蒸发时皮肤有凉爽的感觉，因此得名冷霜。

冷霜多为W/O类型的乳化体。冷霜的基本原料有蜂蜡、液体石蜡、水、硼砂等。现在多用植物油代替部分液体石蜡，油性成分最高可占到85%，需加抗氧化剂以抑制脂肪酸败。蜂蜡是酯类和酸类的混合体，是很好的天然乳化剂，制造冷霜所需蜂蜡的酸价为17～24。液体石蜡和植物油起润肤作用。硼砂用来中和蜂蜡中50%的游离脂肪酸。按轻工行业标准要求，冷霜产品的pH为5.0～8.5。

冷霜更适合在秋冬季使用，能在皮肤上形成油性薄膜，不仅可以保护和柔润皮肤，还能防止皮肤干燥、冻裂。冷霜配方也可用于缓解因某些皮肤炎性疾病而产生的不适感。

二、膏霜类护肤品常用油质原料

1．蜂蜡

是由蜂群内工蜂腹部蜡腺分泌出来的一种无定型的蜡状物质。天然蜂蜡的颜色与蜜蜂品种、产地、蜜源等多种因素相关，一般从黄褐色至棕褐色不等，有蜂蜜的香气。化妆品用蜂蜡是经过进一步加工处理的，是白色至黄色的块状固体，略有特殊气味，不溶于水，微溶于冷乙醇，完全溶于乙醚、挥发性油和不挥发性油。蜂蜡的组成因产地不同而略有差异。它作为化妆品原料的应用历史很悠久，无毒，对皮肤无不良反应，可用作润肤剂、乳化剂、乳化稳定剂、脱毛剂、增稠剂等。主要用于制造各种护肤膏霜、乳液、润唇膏、口红、睫毛膏、发蜡等产品。

2．液体石蜡

霜膏类护肤品中用的液体石蜡有不同型号，对应不同的黏度。

3．乳木果油

又称牛油树脂，主要由脂肪酸甘油三酯组成。是从生长在非洲热带雨林区域的乳油木果实乳油果（或称乳木果）的干燥果核中通过压榨、萃取的方式得到的。多是白色至淡黄色的固体，也有淡黄色至黄色的油状液体，略有特殊气味，不溶于水，溶于植物油脂。无毒、无刺激，主要用于各种护肤膏霜、乳液、防晒及晒后修复产品、唇膏、护发等产品中，起润肤剂的作用。

三、防腐剂

防腐剂是化妆品的辅助原料，在大多数化妆品配方中也是必不可少的。化妆品含有蛋白质、油脂、水分、维生素和其他营养物质，这些都是微生物生长、繁殖的良好条件，所以在贮存过程中就很容易滋生细菌等微生物。加上化妆品开封后接触空气和使用时的第二次污染，极易引起产品腐败变质。微生物的繁殖和代谢产物、营养物质的变质等会使化妆品发生性状变化（变色、水油分层等），产生令人不愉悦的气味，甚至产生刺激皮肤、损害皮肤健康的物质。为了防止上述问题发生，需要在化妆品中加入防腐剂和抗氧化剂，使化妆品具备一定的抵抗微生物污染的能力，在一定期限内保持质量不变。值得注意的是在配方中的防腐体系，必须符合国家法规的规定。

化妆品使用的防腐剂需要符合的要求：能够抑制微生物在化妆品中生长和繁殖；在用量范围内无毒性并对皮肤无刺激性；与化妆品中的其他成分能够共存，不发生反应，不互相影响效果；不影响产品黏度和pH，不影响产品的色泽，无异味。

1．尼泊金酯类

是国际上公认的，应用最广泛的广谱性高效化妆品防腐剂。尼泊金酯是对羟基苯甲酸酯、对羟基苯乙酸酯、对羟基苯丙酸酯、对羟基苯丁酸酯四种防腐剂的统称。这一类防腐剂是白色结晶粉末或无色结晶，易溶于醇、醚和丙酮，极微溶于水。毒性较低、不挥发，在酸性、碱性环境中性能稳定。通常将尼泊金酯类防腐剂中的两种以上混合使用，以达到更好的抑菌效果。

2．苯甲酸钠

又名安息香酸钠，为白色颗粒或晶体粉末，无臭或微带安息香气味，在空气中稳定，易溶于水，可溶于乙醇。广谱抗微生物试剂，防腐的最适pH为2.5～4.0，可用于护肤产品中，主要作为食品防腐剂应用。

3．山梨酸

针状结晶或白色结晶粉末，无味，无臭，难溶于水。它的毒性远低于其他防腐剂，是全球公认的安全无毒的防腐剂，被所有的国家允许使用。最佳使用pH范围是

4.5 ～ 6。山梨酸有很强的防腐选择性，它能抑制对人类有害细菌的生长，而对人类有益的细菌则没有影响。可用于护肤产品中，主要作为食品防腐剂。

4．咪唑烷基脲

白色粉末，有特殊气味，易溶于水，不溶于油。水溶液释放出甲醛，有广谱抗菌活性。pH使用范围为3 ～ 9。广泛应用于各种化妆品，可单独使用，也可与尼泊金酯类等防腐剂配合使用，以增强防腐效果。

5．2-溴-2-硝基-1,3-丙二醇

俗称布罗波尔，是常用防腐剂和杀菌剂。常温下为白色至淡黄色、黄褐色粉末，无臭、无味，易溶于水、乙醇、丙二醇，难溶于氯仿、苯等。广泛用于膏霜、洗发液、护发素、沐浴液等。如果过量使用，对眼睛、皮肤、黏膜有刺激作用，大量使用时还对环境有害。

常用防腐剂都有明显的刺激性或毒性。因此它们的用量或使用范围受到一定限制。随着细菌对传统抗生素类药物抗药性问题的不断出现，人们的目光又转回到对植物来源抗菌剂和药品的研究、开发工作中。植物能合成很多芳香族的物质，现已发现一些芳香化合物对抵抗微生物起到一定作用。其实我国古代医药学者早就在这方面做了大量的研究，还著有相关著作，人们最熟悉的《本草纲目》就是其一。

任务实施

1．用品

体验雪花膏和冷霜。

2．步骤

（1）取雪花膏涂抹于左手手背处。

（2）取冷霜涂抹于右手手背处。

（3）比较两种护肤品的外观有何不同。

（4）比较两种护肤品体验感如油腻感、吸收性，有什么不同。

3．观察记录并思考

（1）比较两种护肤品的外观，如色泽、黏稠度。

（2）比较两种护肤品体验感，思考是什么原因造成了它们的不同。

任务总结

膏霜类护肤品按使用部位分为眼霜、面霜、颈霜、护手霜等。按使用时间分为日霜

（保湿美白）、晚霜（修护滋润）。按功能性分为补水保湿滋润霜、抗皱霜、美白霜、防晒霜。

膏霜类护肤品常用的油质原料有蜂蜡、液体石蜡、乳木果油等。

化妆品中常用的防腐剂有尼泊金酯类、苯甲酸钠山梨酸、咪唑烷基脲等。

任务拓展

1. 雪花膏配方

成分	质量/g
蒸馏水	40.10
三压硬脂酸	5.00
十八醇	1.00
液体石蜡	1.00
甘油	2.50
氢氧化钾	0.20
单硬脂酸甘油酯	0.10
香精	0.10
防腐剂	适量

2. 冷霜配方

成分	质量/g
蜂蜡（酸价 17.5）	8.00
液体石蜡	25.00
蒸馏水	16.50
硼砂	0.50
香精	适量
防腐剂	适量

习题

1. 膏霜类护肤品的种类有哪些?
2. 膏霜类护肤品的乳化类型有哪些?
3. 雪花膏和冷霜常用的油质原料有哪些?

4. 下列物质中，常在化妆品中作为防腐剂使用的有______。(多选)

A. 尼泊金酯　　B. 丙三醇　　C. 苯甲酸钠　　D. 水

5. 防腐剂的作用是什么？化妆品中常用的防腐剂有哪些？

6. 市场调查。请同学们找一找目前市场上常见的膏霜类护肤品，可以从哪些角度对它们进行分类？

任务四　面膜

又到了北方的秋冬季节，天气越来越寒冷干燥。小美的小姨来小美家做客，和小美妈妈边聊天边敷面膜。小美发现妈妈和小姨使用的面膜种类不相同。

任务目标

1．了解面膜的分类与组成。

2．掌握面膜的使用方法和功效。

3．了解护肤类化妆品中常用的胶质原料。

4．树立实事求是的精神和科学严谨的态度，有探究精神、有安全意识。

5．理解合理开发、利用中国特色矿物、动植物等天然资源的重要性。

知识准备

一、面膜概述

面膜是常用的护肤类化妆品，敷在脸上具有补水保湿、美白、抗衰老、平衡油脂等功效。尤其在秋冬季节，天气寒冷干燥，面膜作为一种补水效果最为直接的护肤类化妆品，正在成为越来越多爱美人士的首选。

1．面膜的分类

面膜种类繁多，可根据其对皮肤的功效、使用方式、面膜的形式等进行分类。按面膜的形式可分为揭剥式、擦去或水洗式、贴布式、固化后剥离式等。

（1）揭剥式面膜（凝结性面膜）：包括软膜和硬膜。

① 软膜：通常为膏状或透明凝胶状产品。此类面膜的配方中，成膜剂是关键成分，通常采用水溶性高分子聚合物，如羧甲基纤维素、聚乙烯醇、海藻酸钠等，天然胶质也可用作成膜剂。使用时将其涂抹在皮肤表面10～20分钟，水分挥发后形成一层薄膜。揭去这层薄膜后，皮肤上的油脂、污垢随之被清除掉。除了成膜剂，揭剥式面膜的配方一般还含有保湿剂、吸附剂、溶剂及营养物质等。

② 硬膜：成膜剂的主要成分是生石膏，加水后发生反应，凝结为膏状面膜。不含营养成分，由于固化过程产生热量，可使涂敷于面部的营养物质更好地被皮肤吸收。

（2）擦去或水洗式面膜（非凝结性面膜）。易于涂敷，使用方便，具有一定的清洁、护肤功效。主要成分为固体粉末、保湿剂、滋润剂、油性成分、表面活性剂和高分子聚合物等。表面活性剂在配方中起到分散固体粉末的作用，与高分子聚合物形成的胶束对膏状面膜的稳定性起到协同增效作用。膏状面膜涂敷于面部后不会形成膜状物，一般需要用水或吸水海绵擦洗掉。例如，睡眠面膜，成分类似于晚霜；富含云母、高岭土、火山泥、盐湖泥的泥状面膜，含有多种矿物质和其他活性成分。

（3）贴布式面膜。是目前较为流行的一种面膜产品，具有深层清洁皮肤毛孔的效果。贴布式面膜是以面膜布作为载体吸附精华液，固定在脸部特定位置形成封闭层，以促进精华液的吸收。可以起到保湿、提亮肤色和改善皮肤纹理的作用。市场上常见的是浸渍式无纺布面膜，直接将面膜敷在面部，使用方便，一般以补水保湿功效为主，还可添加其他功能营养成分。

① 面膜布基材料：主要有无纺布、蚕丝、纤维类物质等。无纺布是市场上最常见的面膜布基材料之一，蓬松柔软，均匀性好，不会产生纤维屑，成本相对较低，但透气性一般。另外，无纺布生产过程中会消耗大量的石油资源，环保性差。蚕丝的成分是蚕丝纤维和活性蚕丝蛋白。蚕丝蛋白中含有人体所需的多种氨基酸，透气性好、吸水性强，被誉为人体的“第二皮肤”。但蚕丝面膜布不具有拉伸性、易破且成本高。

② 精华液：主要成分为保湿剂、调理剂、增稠剂、活性营养物质、表面活性剂等。保湿剂为甘油、1,3-丙二醇、海藻糖和透明质酸等。表面活性剂起乳化、分散等作用，在涂敷中它能增强黏附力，使面膜与皮肤紧密贴合。增稠剂可以使精华液具有一定的黏度，紧贴在肤表面，有利于皮肤对精华液的吸收。

2. 面膜的作用机制

面膜是护肤类化妆品的一个类别，是美容保养品的一种载体。它的作用机制有以下三个方面。

（1）面膜涂敷于面部，可以阻隔皮肤与空气的接触、抑制汗液蒸发，保持面部皮肤的营养和水分，增强皮肤的弹性和活力。

（2）面膜在使用时会使局部皮肤温度升高，促进皮肤血液循环，毛孔扩张，使角质层的渗透力增强，便于营养物质渗进皮肤。面膜中的水分可以充分滋润皮肤角质层，促进上皮细胞的新陈代谢。

（3）泥状面膜和揭剥式面膜具有黏附作用，揭去面膜时，皮肤表皮细胞代谢物、多余的皮脂等污物被面膜带走，有助于毛囊通畅，皮脂顺利排出，对皮肤起有效清洁作用。

因此，根据不同的皮肤状态，科学合理地使用面膜，可有效改善皮肤缺水和暗淡状态，减少皱纹生成，延缓皮肤衰老，并在一定程度上起到祛斑祛痘的作用。

二、胶质原料

绝大多数面膜的制备需要添加胶质原料。胶质原料也是在化妆品中起稳定作用的重要成分，广泛应用在各种膏霜、乳液、精华、面膜等化妆品体系中。胶质原料主要以水溶性高分子化合物为主，分子结构中含有羟基、羧基、氨基等亲水性基团，在水中能溶解或膨胀为黏稠液体或啫喱状，具有不同程度的触变性。

由于在水中强烈吸水膨胀形成凝胶，它们还是很好的增稠剂、成膜剂和助乳化剂等。所以胶质原料在不同化妆品中的具体作用也是不同的。例如，在膏霜、乳液中起到增稠稳定的作用，可以减少乳化剂的用量；在粉类产品中有黏合成型作用；在洗发水、沐浴露等产品中有增稠、稳定、改善泡沫与亲肤感等作用；在发用定型产品中有成膜、定型作用。

1．淀粉

白色非晶状粉末，无味，不溶于冷水和乙醇，在热水中能形成凝胶。属于多糖，有直链淀粉和支链淀粉，从富含淀粉的植物种子或块茎中提取。在化妆品中可作为粉剂原料及胭脂中的胶合剂和增稠剂。

2．阿拉伯树胶

树脂状物，淡黄色、无色或不透明的琥珀色，室温下能溶于水，不溶于乙醇。最早应用于化妆品的一种胶合剂，化妆品中可作为助乳化剂、增稠剂和成膜剂，在面膜中作为胶合剂。

3．琼脂

又称琼胶、石花胶，是植物胶的一种。是由海产的石花菜等海藻中提取的多糖制成的，是目前用途最广泛的海藻胶之一。琼脂为半透明，无定形的粉末、颗粒，不溶于冷水，能吸收相当本身体积20倍的水，易溶于沸水，在冷水水中需加热至95℃才开始溶化。主要用于洁面乳、剃须膏、护肤膏（霜）、沐浴露、面膜粉等产品中，作为增稠剂、稳定剂、乳化剂、胶凝剂。

4．果胶

是一类广泛存在于植物细胞壁中的杂多糖，大量存在于柑橘、柠檬、柚子等果皮中，最早从胡萝卜中提取得到。果胶为白色至黄色粉末，无味，溶于20倍水形成乳白色黏稠状胶态溶液，呈弱酸性。在酸性溶液中比在碱性溶液中稳定。主要用于各种化妆水、膏霜、面膜等产品中，作为乳化稳定剂、黏合剂、黏度调节剂。

5．海藻酸钠

白色粉末，能溶于水，不溶于有机溶剂，其水溶液为胶性溶液。与钙离子、镁离子等多种盐类会发生反应，迅速生成凝胶。可用作化妆品中的胶合剂、悬浮剂、增稠剂和乳化剂等。

6．羧甲基纤维素钠

纤维素的多羧甲基醚的钠盐，为白色、无味、无臭的粉末，易分散于水中成凝胶状，pH2.0～10.0时稳定，为亲水胶体，在化妆品中可作为胶合剂、增稠剂、乳化稳定剂、分散剂等。

7．羟乙基纤维素

白色无味的粉末，易分散在水中溶胀成胶体溶液。可作为膏霜和乳液以及洗发护发等产品的胶合剂和增稠剂。

8．聚乙烯醇（PVA）

白色固体，无味，溶于95℃以上热水。医药级聚乙烯醇对人体无毒，无副作用，安全性高，具有良好的生物相容性。水性凝胶在眼科、伤口敷料方面有广泛应用，常被用于化妆品中的面膜、洁面膏、化妆水及乳液中，是一种常用的安全性成膜剂。

任务实施

比较不同类型面膜的使用效果

1．实验

凝结性面膜（软膜）、非凝结性面膜（泥状面膜）。

2．步骤

（1）将调和好的凝结性面膜，取约1元硬币大小，涂抹于左手手背处。

（2）将调和好的非凝结性面膜，取约1元硬币大小，涂抹于右手手背处。

（3）观察凝结性面膜的凝结过程，比较两种面膜的体验感有哪些不同。

（4）卸除两种面膜，比较卸除过程和使用后感受有何不同。

3．观察记录并思考

（1）凝结性面膜、非凝结性面膜的涂抹效果有什么不同？

（2）在凝结性面膜、非凝结性面膜凝结过程中，手背感觉有什么不同？

（3）卸除两种面膜的方法分别是什么？

任务总结

面膜分为凝结性、非凝结性和贴布式面膜。凝结性面膜（软膜）凝结过程中，随着水分蒸发，皮肤有拉紧感；清洁时撕下软膜，皮肤有撕拉感。非凝结性面膜（泥状面膜）干燥过程中皮肤有紧绷感；卸除时使用清水直接擦洗，无撕拉感。贴布式面膜目前较为流行。

面膜为皮肤角质层提供水分，使角质层充分水合从而改善皮肤外观和弹性；含有保湿剂和软化剂等，同时具有封闭效果，可减少皮肤水分流失，使角质层变得柔软，促进有效成分经皮肤吸收。

面膜常用胶质原料有琼脂、果胶、聚乙烯醇（PVA）、海藻酸钠、羧甲基纤维素钠等。

习题

1. 面膜的作用是什么？
2. 我们可以买到的面膜有哪些，如何进行分类？
3. 以下是面膜中常用的主要成分，在非凝结性面膜中起到增稠作用的是______。（单选）

   A. 水　　B. 甘油　　C. 羧甲基纤维素钠　　D. 乙醇

模块总结

1. 护肤类化妆品的种类及主要功能

（1）化妆水。补水保湿。

（2）乳液。补水保湿。

（3）膏霜类护肤品。保湿、补充营养。

（4）面膜。清洁、补水、补充营养。

2. 化妆品常用保湿剂

（1）多元醇类。

（2）山梨醇。

（3）吡咯烷酮羧酸钠。

（4）乳酸和乳酸钠。

（5）水解胶原蛋白。

3. 护肤类化妆品中常用营养添加物

（1）维生素。

（2）蛋白质和氨基酸。

（3）骨胶原。

（4）超氧化物歧化酶。

（5）尿囊素。

（6）芦荟提取物。

4. 膏霜类护肤品中常用油质原料

（1）蜂蜡。

（2）液体石蜡。

（3）乳木果油。

5. 化妆品常用防腐剂

见任务三任务总结。

模块检测

1. 总结出不同肤质人群的护肤方案。
2. 选择适合自己的护肤类产品（化妆水、乳液、面霜、面膜），并通过成分分析说明理由。

模块三

特殊用途类化妆品

2021年1月1日起施行的《化妆品监督管理条例》第十六条规定：用于淡斑、美白、防晒、染发、烫发、防脱发的化妆品以及宣称新功效的化妆品为特殊化妆品。特殊化妆品以外的化妆品为普通化妆品。第十七条规定：特殊化妆品经国务院药品监督管理部门注册后方可生产、进口。功效型化妆品越来越受到消费者的青睐。

特殊化妆品为达到具有特殊效果的护肤、美容美发、消除体臭等目的，一般会加入含有特殊功能的成分，这些成分通过表皮吸收后对皮肤或毛发的内部结构、新陈代谢等进行调节。但同时，含有这些成分的特殊化妆品可能比普通化妆品对皮肤刺激性更大，更容易引起过敏。因此在选择和使用特殊化妆品时，一定要依据个人体质和需求对产品的成分进行辨别，选择适合的产品使用，避免产生过敏等不良反应。

模块学习目标

1. 了解皮肤的光晒机理，能合理选用防晒产品。

2. 了解色素的形成机理，了解淡斑用品的添加成分。

3. 了解祛臭用品的功能，了解祛臭用品的种类和配方。

4. 形成正确的审美观。

5. 树立实事求是的精神和科学严谨的态度，有探究精神和安全意识。

6. 理解合理开发、利用中国特色矿物、动植物等天然资源的重要性。

任务一　防晒用品

小美和同学们升入高中了，在暑假8月参加了为期两周的军训活动。夏季天气晴好，烈日炎炎，经历了丰富多彩的军训活动，小美和同学们收获了强健的体魄和深厚的友情。军训结束后，小美发现自己皮肤变黑了，还有些发痒；同学小丽的肤色却好像没有明显变化。小美向小丽询问原因才知道，小丽每天训练前会涂抹防晒霜。小美赶紧查找有关防晒的知识。

任务目标

1．了解皮肤的光晒机理。
2．能合理选用防晒用品。
3．形成正确的审美观。
4．树立实事求是的精神和科学严谨的态度，有探究精神和有安全意识。
5．理解合理开发、利用中国特色矿物、动植物等天然资源的重要性。

知识准备

一、防晒用品与紫外线

防晒用品是用于反射、屏蔽或吸收紫外线，防护皮肤免受紫外线伤害或减轻皮肤不良反应的化妆品。

太阳光包括红外线（波长＞770 nm）、可见光（波长400—770 nm）和紫外线（波长＜400 nm）范围的连续光谱。

阳光中紫外线波长为10—400 nm，具体分为：

低频长波UVA（315—400 nm）：作用于真皮，加速黑色素细胞由酪氨酸转变为黑色素，可造成皮肤即时晒黑和光老化、斑点、皱纹等。

中频中波UVB（280—315 nm）：作用于表皮，使皮肤表皮细胞核酸或蛋白质变性，导致急性皮炎，导致皮肤红斑、红肿、晒伤、滞后晒黑、水疱及脱皮等。

高频短波UVC（100—280 nm）和超高频EUV（100—10 nm）。UVC、EUV一般会被臭氧层阻隔，难以到达地表，一般不会对皮肤造成伤害。

人类皮肤对不同波长范围的紫外线的反应是不同的。UVA的致癌性最强，远远超过UVB对皮肤的损伤程度。

二、防晒用品指标

1. PA（protection UVA）

代表防晒用品对UVA的防护能力，以“+”表示防晒用品防御长波紫外线的能力。我国法规要求防晒用品等级以长波紫外线防护指数的PFA（protection factor of UVA）值表示。

如防晒用品PFA值为5，假设在某强度的阳光下暴露0.5小时会引起皮肤晒黑，PFA值为5即表示：正确足量（2 mg/cm^2）使用该用品时，可将开始晒黑时间延缓2.5小时。

根据防晒能力，PA等级还可标注为PA+、PA++、PA+++、PA++++。PA等级越高，防晒用品对UVA的防护效果越好。

PFA值与PA的关系如下。

PFA值小于2：无防护UVA的效果

PFA值2～3：PA+（有效）

PFA值4～7：PA++（相当有效）

PFA值8～15：PA+++（非常有效）

PFA值≥16：PA++++（极高有效）

2. SPF（sun protection factor）

代表防晒用品对UVB的防护能力，SPF值越大，防晒用品对UVB的防护效果越好，防日晒红斑、防晒伤效果越好。SPF值指紫外线照射不致使皮肤受伤害的时间范围。

三、防晒用品分类

1. 防晒膏霜、乳液

是目前使用最广泛的防晒用品。防晒膏霜、乳液将高含量防晒剂经过乳化添加到产品中，从而达到较高的SPF值，且基质原料成本低。此类防晒化妆品使用方便，容易涂布于皮肤上，在皮肤表面形成均匀的、有一定厚度的防晒膜；配方调整水相、油相成分后，可达到清爽不油腻的良好体验感。但此类用品的耐水和防水性较差。

2. 防晒油

是最早的防晒用品，制作工艺简单，易于在皮肤上大面积涂布，但形成的薄膜较薄，不容易达到很高的SPF值。其耐水和防水性较好，但成本比防晒乳液高。

3．防晒凝胶

凝胶类防晒用品一般在配方中加入水溶性聚合物如聚丙烯酸、羟乙基纤维作为凝胶剂，给人以清爽不油腻的使用体验，适合在炎热的夏季使用。此类防晒化妆品制造工艺复杂，不易制得SPF值高的产品。

4．防晒摩丝

使用方便，喷涂面积大，无油腻感，使用时有凉爽的感觉，适合夏季使用。但在高温强光环境下使用时，容易造成爆炸等危险，使用时要注意安全。

四、防晒用品使用注意事项

1．避免过敏

敏感性皮肤者，最好使用SPF值较低的防晒用品。因为添加的防晒剂含量越高或者成分越复杂，越容易加重皮肤的负担，从而引起皮肤不良反应。

敏感性皮肤者或防晒用品过敏者，使用新的防晒用品之前最好在手臂内侧或耳根处小面积试涂，72小时后皮肤没有明显不良反应（红、肿、痛、痒等现象），再正常使用。如皮肤发生异常情况，应立即用大量清水冲洗干净。如果症状严重或者清洗后未能得到缓解，建议携带防晒用品及外包装及时到医院就诊，以便医生诊断。

2．根据环境条件选用合适的防晒用品

选用防晒用品时，不要盲目追求过高SPF值的用品。

SPF值8～15：适合较少在户外活动的人群以及倾向于清爽和低敏防晒用品的人群。

SPF值15～25：适合户外活动，有遮阳伞保护的人群。

SPF值25～30：适合登山远足、沙滩曝晒和户外游泳的人群。

活动需要接触水或可能大量出汗的情况，可选择有防水防汗功能的防晒用品。

另外，在涂抹防晒用品的同时，采用其他的物理防晒措施也是有必要的，如打伞、戴太阳帽及墨镜等，以抵挡紫外线的伤害。

3．根据人群、皮肤类型选用

建议孕妇、婴幼儿选择安全性高的物理防晒用品。其他人群可以结合皮肤类型、防晒指数及使用场景等综合因素选用防晒用品。

4．注意清洁

一般来说，不防水的防晒用品可以用洁面乳清洗，防水防汗型防晒用品需要用清洁力更强的卸妆用品清洁。

5．注意使用时机

在基础护肤后先使用防晒用品，然后再使用彩妆。防晒用品应在外出前15或30分钟使用。建议每隔2～3小时补涂一次。

五、防晒用品分类

防晒用品分类应具备的功能特点：能够反射、遮蔽或吸收紫外线；对人体安全性高，不刺激皮肤；易于均匀分散于某些溶剂中；不溶或难溶于水；能较好地涂布于皮肤表面等。

1．化学性紫外线吸收剂

这类防晒用品能够吸收紫外线的光能，将其转换成为热能或无害的可见光释放出来。根据分子吸收紫外线波段的差异，可分为UVA和UVB两种化学吸收剂。如对甲氧基肉桂酸酯类、二苯甲酮衍生物、对氨基苯甲酸及其酯类、邻氨基苯甲酸酯类、水杨酸酯类、肉桂酸酯衍生物、二苯甲酰基甲烷衍生物等。

此外，还有一种晒黑剂，能吸收85%以上的波长在290—320 nm的太阳辐射，使皮肤经阳光照射后产生暂时性晒黑，但不会引起疼痛和皮炎。利用皮肤产生的黑色素起到保护皮肤，有避免晒伤的作用。

化学性紫外线吸收剂存在一定致敏性，敏感性皮肤者应注意皮肤不良反应。

2．物理性紫外线屏蔽剂（紫外线散射剂或物理阻挡剂）

这类防晒用品能够通过反射和散射作用，减少紫外线与皮肤的接触，它对紫外线的吸收能力很弱。包括红色凡士林、滑石粉、云母、高岭土、碳酸钙等，目前最常用的是二氧化钛和氧化锌两类。物理性紫外线屏蔽剂安全性高、稳定性好，但容易使皮肤呈现不自然的白色，防晒效果有限。现在很多防晒用品将二氧化钛、氧化锌等制成纳米级粉末，可有效改善物理性紫外线屏蔽剂使皮肤过于泛白的情况，且皮肤感觉润滑细腻。

专家普遍认为物理性紫外线屏蔽剂较化学性紫外线吸收剂更安全。现在市面上的防晒用品组成，基本都是物理性紫外线屏蔽剂与化学性紫外线吸收剂配合使用，极大提高了防晒用品的防晒效果和使用者的体验感。

此外，天然的防晒物质也被广泛应用于防晒用品中，如芦荟苷、胡椒酸、阿魏酸、异阿魏酸、槲皮素、芦丁。

任务实施

课堂讨论

1．很多防晒乳液瓶装产品中放有滚珠，使用前需要摇匀。为什么这类防晒用品需要摇匀后使用？请通过查看产品成分表、查找相关资料解答。

2．与同学交流分享日常生活中用过的防晒用品。有什么使用感受？使用时有什么需要注意的问题？

任务总结

一定波长的紫外线作用于皮肤可导致皮肤晒黑、老化等。可根据皮肤类型、环境条件等选用合适的防晒用品。

一般针对我国人体验感设计的防晒产品，需要兼具防晒和美白功效，同时需要“不油腻”的使用感。防晒乳液需要同时使用物理防晒剂氧化锌、二氧化钛等和油溶性化学防晒剂，并且使用乙醇成分，达到收敛、清爽、不油腻的体验感。这种防晒乳液静置一段时间后非常容易水油分离，同时有无机氧化物的沉淀。因此需要加入滚珠，方便摇匀后使用。

知识拓展

1．W/O型防晒霜配方

成分	质量/克
对甲氧基肉桂酸辛酯	2.50
羟基二甲氧基二苯甲酮	1.50
4-叔丁基-4-甲氧基丙烷二酮	0.10
二氧化钛	1.50
角鲨烷	20.00
二异硬脂酸甘油酯	1.50
防腐剂	适量
香精	适量
1,3-丙二醇	2.50
去离子水	20.00

2．防晒油配方

成分	质量/克
水杨酸辛酯	4.00
邻氨基苯甲酸酯	2.00
乳木果油	1.00

续表

成分	质量/克
可可脂	1.00
异鲸蜡醇	7.00
苯基二甲基硅氧烷	0.05
环二甲基硅氧院	14.00
液体石蜡	20.00
香精	适量

习题

1. 阳光中的紫外线会对皮肤造成______等伤害。（多选）

   A. 晒斑　B. 日光性皮炎　C. 皮肤老化　D. 灼痛脱皮

2. 什么是SPF？ SPF值是否越大越好？
3. 常用的防晒用品有哪些？各有什么特点？
4. 防晒用品分哪两类？作用机理分别是什么？
5. 什么是晒黑剂？作用是什么？

任务二　淡斑用品

小美的妈妈一直工作很忙，压力比较大。前两天照镜子发现自己的脸上长出一些色斑，于是每天用遮瑕膏遮盖。除了遮盖之外，还有没有其他的化妆品能帮助小美的妈妈减轻色斑带来的烦恼呢？

任务目标

1．了解色素的形成机理。

2．了解淡斑用品的添加成分。

3．形成正确的审美观。

4．树立实事求是的精神和科学严谨的态度，有探究精神和安全意识。

5．理解合理开发、利用中国特色矿物、动植物等天然资源的重要性。

知识准备

一、淡斑用品概述

人们常说，“一白遮百丑”，说出了大众以肌肤白皙晶莹为美的审美。但是，受紫外线辐射、皮肤老化、炎症反应、生活压力等影响，越来越多的人都或多或少地出现了一些皮肤色素代谢问题。所以，就有越来越多的人选择使用淡斑用品。

淡斑用品是用来减轻或祛除皮肤雀斑、黄褐斑或老年斑等色素沉着斑的化妆品。淡斑用品种类很多，在膏霜、乳液、面膜等产品中都可添加淡斑成分。特殊用途类化妆品中成分选择或使用不当，容易造成伤害，因此在使用此类化妆品前，应注意其必须具备国家相关批号；根据自己的肤质，使用前必须做过敏测试，若有刺痛、红肿等，必须立即停用，及时治疗，避免产品对皮肤产生伤害；面部皮肤出现炎症时，如红肿、水疱、糜烂、化脓或有伤口，不可使用淡斑用品。

二、皮肤色斑形成机理和常见皮肤色斑

1．皮肤色斑形成机理

皮肤色斑是由黑色素在皮肤上沉积形成的黑色或黄褐色的小斑点。黑色素由位于表皮基底层的黑色素细胞产生，黑色素细胞是人体产生黑色素的特异细胞，广泛分布于表

皮、毛囊、血管周围等处，在面部分布密度较高。它感光性很强，在光照射下生成黑色素。黑色素是一种极微小的黑色颗粒，可吸收和散射紫外线，使人体免受紫外线辐射伤害。如果体内代谢出现障碍或日晒过量，使黑色素增多，皮肤就会出现斑点等皮肤色素沉着。

黑色素的形成机理复杂，黑色素细胞中的酪氨酸在酪氨酸酶的催化下，氧化为多巴，进一步氧化成多巴醌、多巴色素，再氧化成吲哚醌，最后聚合成黑色素。中间任一环节都可以影响黑色素的含量和分布，例如紫外线会使酪氨酸酶活性提高，因此避免日晒是防治色斑的重要环节。

2．常见皮肤色斑

（1）雀斑：单纯性黑褐色小斑点，色斑中最常见，多发于双侧面颊和眼下方。雀斑与遗传有关，一般儿童期出现，青春期达到高峰，到老年期减轻，多发于女性和浅肤色人士，夏季尤为明显，可能由紫外线引起皮肤过敏所致。

（2）黄褐斑：多发于鼻两侧或口唇周围，呈褐色，形状像蝴蝶，又叫蝴蝶斑。多见于孕妇和慢性肝病、结核病等人士，南方人比北方人易发，夏季比冬季易发，可能由紫外线照射、体内激素水平变化或服用药物等引起。

（3）老年斑：多发于中老年人的面部和手背等处，随年龄增长而加剧。其产生的确切原因尚不明确，可能由人体衰老、自由基氧化、疾病等原因引起。

三、淡斑用品的成分

1．角质剥脱剂

通过剥离角质层或加速角质层的更新能够减轻色素沉着，果酸、水杨酸等能起到使肌肤角质层软化、松解并脱落的作用。但含此成分的化妆品不适合长期使用。

2．酪氨酸酶抑制剂

目前已知在黑素生成过程中酪氨酸酶的活性决定了黑色素的生成能力，通过抑制酪氨酸酶活性可以抑制黑色素的合成，减轻色素沉着。

根据机制的不同，酪氨酸酶活性抑制剂分为酪氨酸酶破坏型抑制剂和酪氨酸酶非破坏型抑制剂。酪氨酸酶破坏型抑制剂主要是通过对酪氨酸酶活性中心铜离子进行修饰、改性，使它失去生物活性，如铜离子螯合剂曲酸。酪氨酸酶非破坏型抑制剂指通过抑制酪氨酸酶的合成途径，达到抑制黑素形成的效果。

（1）维生素C。能够抑制酪氨酸酶的形成。

（2）熊果苷。从草莓、虎耳草等植物中提取，无刺激、无过敏、配伍性强。熊果苷能强烈抑制酪氨酸酶的活性，对黑色素细胞有细胞毒作用，从而抑制黑色素生成。

（3）曲酸。是微生物在发酵过程中生成的天然产物，对酪氨酸转变为多巴进而氧化为二羟基吲哚的过程具有较强的抑制作用，尤其对黄褐斑的治疗效果较好。但曲酸容易引起接触性皮炎及过敏性反应，所以配方中常用曲酸的衍生物。

（4）氢醌（对苯二酚）。属抗氧化剂，对黑色素细胞有特异毒性，但因药物性能很不稳定，又有一定刺激性，国内已被禁止使用。

3．氧化反应抑制剂

氧化反应抑制剂能阻断酪氨酸被催化氧化成黑色素的过程，包括超氧化物歧化酶（SOD）、维生素E等。

任务实施

课堂讨论

1．某特殊用途类化妆品广告称，该用品具有淡斑美白功效，一周见效。是否符合科学规律？对此你有什么看法？

2．淡斑用品的作用原理是什么？

3．淡斑用品中有哪些常用的有效、安全成分？

任务总结

皮肤代谢障碍或日晒过多等原理，可造成皮肤色斑，淡斑用品的成分包括角质剥脱剂、酪氨酸酶抑制剂、氧化反应抑制剂等。

购买、使用淡斑用品之前要阅读成分表，进行简单分析。

知识拓展

淡斑霜配方

成分	质量/克
曲酸	1.00
胎盘液	2.00
甘草单硬脂酸酯	0.50
聚氧乙烯十六醇醚	1.00
硬脂酸	1.00
鲸蜡醇	0.50

续表

成分	质量/克
肉豆蔻酸异丙酯	1.00
尼泊金甲酯	0.05
香精	适量
去离子水	42.95

习题

1. 黑色素是怎样形成的？如何抑制其生成？
2. 皮肤上常见的色斑有______。（多选）

   A. 雀斑　B. 黄褐斑　C. 老年斑　D. 白斑
3. 淡斑用品的有效成分有______。（多选）

   A. 酪氨酸酶抑制剂　B. 氢醌

   C. 超氧化物歧化酶（SOD）　D. 果酸

任务三　祛臭用品

小丽的高中生弟弟是学校足球队队长，每天训练强度很大。小丽对好朋友小美抱怨，夏天家里有些令人不快的气味。小美建议小丽的弟弟可以选择一些祛臭用品。

任务目标

1．了解祛臭用品的功能。

2．了解祛臭用品的种类和配方。

3．树立实事求是的精神和科学严谨的态度，有探究精神、有安全意识。

4．理解合理开发、利用中国特色矿物、动植物等天然资源的重要性。

知识准备

一、祛臭用品概述

祛臭用品专门用于防止令人不快的体味（体臭）产生，体臭包括汗臭、腋臭、足臭等。

祛臭用品剂型有气溶胶、液体、软膏、固体，目前多为液体和固体制品。

1．祛臭液

祛臭液以丙二醇、乙醇和水为溶剂，选择安全性高的杀菌祛臭剂，易吸附于皮肤上，作用持久，祛臭效果好。

2．祛臭膏霜

可制成O/W或W/O型，所用乳化剂必须能够与所用祛臭剂共存，互不影响效果，不能使用影响杀菌性能的非离子表面活性剂。

二、祛臭用品成分

人体的大汗腺分布在腋窝、脐窝、肛门、外阴等处，分泌的汗液为弱碱性的乳状液，其所含有机物被细菌分解，产生低级脂肪酸和氨等臭味物质，成为体臭。

体臭与种族、性别、年龄和气候有关，黑种人、白种人比黄种人出现的情况更多，女性比男性多，青春期、月经期与妊娠期多发，夏季比冬季多发。

由于体臭是由皮肤细菌作用于汗液造成，因此祛臭用品需要具备杀菌抑菌、抑制大汗腺分泌汗液、消除和掩盖体臭等功能。因此，祛臭用品成分一般包括抑汗剂、杀菌剂及除臭剂（香料）。

1．抑汗剂

用于抑制汗液过度排出，具有收敛作用的物质。

（1）金属盐类：如氯化铝、硫酸钾铝、氯化锌、羟基苯磺酸锌、尿囊素氯羟基铝。

（2）有机酸类：如单宁酸、柠檬酸、乳酸。

2．杀菌剂

具有抑菌杀菌作用。常用的有硼酸、季铵盐类化合物、氯己定等。使用氯代苯酚衍生物成分时应注意，不要与铁、铝容器接触，以免变色。

3．除臭剂（香料）

用于消除和掩盖汗臭的物质。常用的有氧化锌、碱性锌盐和水溶性叶绿素衍生物等；常添加很多天然香料，如薄荷、丁子香、广木香、藿香等具有香气的物质。

任务实施

市场调查

通过实体店和网络调查，请列举5种市面上常见的抑汗祛臭类产品，调查说明这些产品的有效成分有哪些？适合什么情况的人群使用？使用时需要注意哪些问题？

任务总结

市面上常用的祛臭用品主要成分以铝盐为主，并添加香精香料成分遮盖气味。乌洛托品等成分可能对皮肤有刺激作用，建议在医生指导下使用。

知识拓展

祛臭液配方：羟基氯化铝、氯化二甲基苯甲胺、聚氧乙烯油醇醚、丙二醇、乙醇、蒸馏水、香精。

习题

1. 为什么要使用祛臭用品？
2. 祛臭用品的功能有______。（多选）

A. 抑制大汗腺分泌的汗液　　B. 具有杀菌作用

C. 消除体臭　　D. 掩盖体臭

3. 目前流行哪类祛臭用品？

知识链接

一、皮肤的结构和功能

皮肤覆盖在全身表面，直接与外界环境相接触，是人体抵御外来刺激的第一道屏障。皮肤具有很多重要功能，包括保护、感觉、分泌、排泄、调节体温等。

皮肤由表皮、真皮和皮下组织以及附属器官组成。皮肤的附属器官包括毛发、指甲、皮脂腺和汗腺等。

表皮位于皮肤最表层，由外向内可分为角质层、透明层、颗粒层、棘细胞层和基底层。颗粒层对化妆品的吸收有重要作用。棘细胞层对于伤口愈合、皮肤修复起到重要作用，同时可由外部吸收贮存水分，对化妆品的的吸收有重要作用。基底层细胞是表皮各层细胞的产生来源，有修复皮肤的作用。

真皮位于表皮和皮下组织之间，具有丰富的血管、淋巴管、神经、毛囊、汗腺、皮脂腺等。真皮直接决定表皮的外观是否光泽水润、富有弹性。随着人体衰老或受外界环境影响，透明质酸减少，真皮的含水量随之减少；胶原纤维、弹性纤维和网状纤维减少，皮肤缺少胶原蛋白的牵拉、支撑，皮肤的弹性、韧性、复原性下降，导致皱纹产生。

真皮内的皮脂腺可以分泌油脂，滋润皮肤、毛发，阻止皮肤水分蒸发。皮脂腺可以维持皮肤的弱酸性pH（4.5～6.5）。

汗腺分布于全身皮肤，分为大汗腺和小汗腺。大汗腺分泌含有蛋白质和糖类、脂类物质的汗液，还分泌细胞质。细胞质经细菌分解后生成挥发性的低级脂肪酸等物质，从而产生刺鼻的臭味，大汗腺与皮脂腺均是发生体臭的因素。大汗腺的分泌是由神经的刺激引起的，黄种人产生体臭的情况远远少于白种人。

皮肤细胞更新周期为28天左右。

二、皮肤用化妆品的特点

由于正常健康的皮肤pH呈弱酸性（儿童皮肤的pH略微高于成人，男性皮肤的pH略低于女性），需要注意，使用的洁肤、护肤等化妆品pH应当适宜，不能酸性或碱性过强，以免对皮肤造成损伤。

皮肤一般能够少量吸收脂溶性物质，水溶性物质难以通过皮肤直接吸收进入人体。化妆品中的活性成分及外用药物可以经皮肤吸收而起作用，有毒物质也可通过皮肤吸收进入体内引起中毒，因此化妆品的制备过程需严格把控。

三、皮肤和化妆品的关系

根据个人不同的皮肤类型选择适合的洁肤、护肤等化妆品。

皮肤的类型主要由皮脂量和含水量等因素决定，与皮脂腺的活性和角质层细胞保湿能力有关。据此，皮肤大致可分为五种类型：油性皮肤、干性皮肤、中性皮肤、混合性皮肤和敏感性皮肤。

1．油性皮肤

油性皮肤的基本特征是皮肤油脂分泌旺盛、毛孔粗大、角质层含水量达20%以上，一般肤色较深，pH为5.5～6.5。如不及时清洁，油脂易堵塞毛孔产生粉刺、暗疮和毛囊炎。油性皮肤多见于男性和青春期的少年，对外界刺激不敏感，弹性较佳，不易出现皱纹和衰老现象。

油性皮肤者适宜选择清爽不油腻、油质原料含量少、补水型的护肤类化妆品。洁肤类化妆品选择去油脂能力强、泡沫丰富、使用体验感清爽的用品。

2．干性皮肤

干性皮肤的基本特征是油脂分泌不足以滋润皮肤，而且缺少水分，角质层的含水量在10%以下，pH为4.5～5.0。皮肤紧细而缺乏弹性，毛孔细小，面部皮肤较薄，易破裂、起皮屑，易敏感、易受外界因素影响。毛孔幼细，肤色较白，保护不好容易衰老，易长色斑和皱纹。干性皮肤又可分为缺油性和缺水性。

干性皮肤者适宜选择油质原料含量丰富、保湿性能好的护肤类化妆品。洁肤类化妆品宜选择温和、一般不起泡的用品，尤其注意尽量选择弱酸性的用品。

3．中性皮肤

中性皮肤水分与皮脂分泌适中，角质层的含水量在10%～20%，pH为5.0～5.6，弹性良好，毛孔大小适中，没有色斑和其他瑕疵。皮肤光滑细嫩柔软，有光泽，富有弹性，对外界刺激不易过敏，是一种健康理想的皮肤类型。中性皮肤多数出现在青春期前，青春期后常分化为其他各类型。

中性皮肤者一般夏季易偏油，冬季易偏干，可根据不同环境、不同季节选择皮肤洁肤、护肤类化妆品，可选择范围非常广。

4．混合性皮肤

混合性皮肤指一种皮肤呈现两种或两种以上的外观（同时具有油性和干性皮肤的特

征）。多见面部“T”区（额头、鼻部、下颏）部位易出油，呈油性皮肤特征；“U”区（两颊）部位干燥，并时有粉刺发生，呈中性皮肤或是干性皮肤特征。80%的男性是混合性皮肤。混合性皮肤多发生于20～35岁。

混合性皮肤者需要分别按照油性、干性皮肤要求选择不同的洁肤、护肤类化妆品。

5．敏感性皮肤

敏感性皮肤的基本特征是皮肤较敏感，皮脂膜薄，容易过敏，皮肤薄、毛孔细，对外界刺激较敏感，遇到过敏性物质之后皮肤易出现红、肿、刺、痒、痛和脱皮、脱水或出现皮疹等过敏现象。对于过敏性皮肤，应寻找出变应原（如花粉、动物皮毛、化工原料），以便采取防范措施如使用合适的化妆品。

过敏性皮肤者需要选择“过敏性皮肤专用”化妆品。

模块总结

1. 防晒用品

（1）皮肤的光晒机理。中波和长波紫外线会对皮肤造成伤害。

（2）防晒用品一般分为化学性紫外线吸收剂、物理性紫外线屏蔽剂两大类型。

（3）防晒用品的合理选用。注意避免过敏；根据环境条件选用合适防晒指数的防晒产品；根据不同人群、不同皮肤类型选用；参照产品使用说明，决定是否需要使用卸妆产品清洗；要在基础护肤后先使用防晒用品，然后再使用彩妆。

2. 祛臭用品

（1）祛臭用品的功能。杀菌抑菌；抑制大汗腺分泌汗液；消除和掩盖体臭。

（2）祛臭用品成分包括抑汗剂、杀菌剂及除臭剂（香料）。

（3）祛臭用品的剂型有气溶胶、液体、软膏、固体。目前多为液体和固体剂型制品。

3. 淡斑用品

（1）黑色素的形成机理。黑色素是由黑色素细胞产生的，是酪氨酸经催化氧化后形成的。

（2）淡斑用品的有效成分包括角质剥脱剂、酪氨酸酶抑制剂、氧化反应抑制剂、对黑色素细胞有特异作用的物质等。

模块检测

1. 特殊用途类化妆品包括哪些用品？
2. 选择特殊用途类化妆品时需要注意哪些事项？

模块四

修饰类化妆品

修饰类化妆品是装饰类化妆品的一种类型，主要用于面部装饰。修饰类化妆品的历史悠久，人们在宗教仪式上将面部或身体某些部位涂上各种装饰色彩来祭祀和祈福，后来演变为面部和身体的装饰性美容及保护用品。修饰类化妆品主要是涂抹于面部，利用不同的色彩修正肤色或加强眼、鼻等部位的阴影，以增强立体感、突出美感。同时，也可用于遮盖雀斑、伤痕等皮肤缺陷，保护皮肤免受紫外线的照射，防止口唇干燥，湿润皮肤等。修饰类化妆品又常称作彩妆类化妆品。

模块学习目标

1. 了解不同修饰类化妆品的分类与组成。
2. 了解不同修饰类化妆品的使用与功效。
3. 简单制作唇膏。
4. 了解体质颜料的性质、结构与分类。
5. 了解着色剂的分类。
6. 了解修饰类化妆品的发展史，形成正确的审美观。
7. 树立实事求是的精神和科学严谨的态度，有探究精神。

任务一 粉底类修饰品

小丽的奶奶参加了社区组织的夕阳红合唱团，最近要去演出，找到小丽和她的同学们，希望他们帮忙给爷爷奶奶们化妆。爷爷奶奶们希望能尽量帮他们遮盖住脸上的色斑，但他们的皮肤普遍偏干。小丽和她的同学们应该帮爷爷奶奶们选择哪种粉底类修饰品呢？

任务目标

1．了解粉底类修饰品的分类及组成。

2．了解粉底类修饰品的使用功效。

3．认识粉质原料的分类及体质颜料。

4．了解粉底类修饰品满足人们对艺术之美需求的作用。

5．树立实事求是的精神和科学严谨的态度，有探究精神。

知识准备

一、粉底类修饰品概述

粉底类修饰品的主要作用是修饰皮肤表面的质感和色调，修正、遮盖面部瑕疵，使皮肤表面看起来光滑，形成可以进一步化妆的基底。

粉底类修饰品通常由水、油质原料、乳化剂及粉质原料等构成，油质原料一般包含凡士林、液体石蜡、其他各种蜡类、合成酯类、羊毛脂及其衍生物、天然植物油等。粉底类修饰品按状态可分为粉底液、粉底霜和粉底膏。

1．粉底液

粉底液是粉质原料分散于乳液中形成的乳液状的产品，又称粉底乳。粉底液有流动性，容易推开，质地轻薄。粉底液含油质原料较少，滋润度不强，但是控油效果比较好，适合油性皮肤使用。日常妆也推荐使用粉底液，妆感不强，看起来更加自然。但是它对皮肤的一些瑕疵如痘印、色斑的遮盖力一般。使用时可直接用手指涂敷，也可用粉底刷涂刷均匀。

2．粉底霜

粉底霜中的油脂含量约为30%，呈非流动性的霜状，比粉底液厚重，不易推开。相较于粉底液来说，粉底霜更容易涂抹，对皮肤的黏附力更强，遮盖能力也更强，同时又有一定的润肤和护肤的作用，更适合干性皮肤或在秋冬季节使用。

3．粉底膏

粉底膏与粉底霜的成分相似，不同的是粉底膏不含乳化剂和溶剂。通常粉底膏可制成条状，便于携带和使用。市面上常见的遮瑕膏就属于这个品类。粉底膏的遮盖能力比粉底液和粉底霜更强，质地最厚，妆感最强，使用时需注意涂抹均匀。日常妆一般不用粉底膏，粉底膏在平面影视妆中用得较多。

市面上流行的一种产品“BB霜”，“BB”是Blemish Balm的缩写，中文翻译为疤痕修护霜。最早是德国医生为接受激光治疗的病人研发的，可以为受损发红的皮肤带来即时的遮盖和防护。该产品是在粉底的基础上加入更多油脂类的功效成分，遮瑕效果不如粉底，色号也不够多样，优点是使用起来较为方便。它同样属于彩妆类，清洁时需注意卸妆。

二、体质颜料

粉质原料的基本成分有体质颜料（即填充剂）、着色颜料、白色颜料和珠光颜料等，其中占主体部分的为体质颜料。体质颜料是组成散粉、爽身粉、胭脂和牙膏、牙粉等化妆品的基质原料。一般是由不溶于水的固体经研磨成细粉状而成，主要起遮盖、滑爽、吸收、吸附及增加摩擦力等作用。体质颜料大多都是无机物，可分为天然矿粉（滑石粉、高岭土等）、氧化物（氧化锌、钛白粉等）、难溶性盐（碳酸钙、碳酸镁等）以及硬脂酸盐等。常见的体质颜料有如下八种。

1．滑石粉

滑石粉是天然的硅酸镁化合物，有时含有少量硅酸铝，是白色结晶状细粉末，不溶于水、冷酸或碱。滑石粉具有薄层结构，具有定向分裂的性质，这种结构使其具有光泽（色泽从洁白到灰色）和爽滑的特性，略黏附于皮肤，可遮盖皮肤上的小面积瘢痕。

2．高岭土

高岭土是白色或接近白色的粉状物质，细致均匀。其主要的化学成分是天然的硅酸铝，有良好的吸收性能，能较好地黏附在皮肤表面，有抑制皮脂及吸收汗液的性质，与滑石粉配合使用，能消除滑石粉的闪光性。

3．云母粉

云母粉是浅灰色鳞片状的结晶粉末。由于其分子结构特性，使其有很强的黏附性、适度的光泽感及柔润感，经过特殊加工，可制成合成云母，提高白色度的同时改善妆面的亮度和持久性。

4．碳酸钙

碳酸钙是化妆品中应用很广的一种原料，碳酸钙是一种白色无光泽的细粉，它不溶于水，可溶于酸。碳酸钙有良好的吸收性，具有吸收汗液和皮脂的性质，亦可消除滑石粉的闪光，制造粉类制品时也可用它作为香精混合剂。

5．硬脂酸锌和硬脂酸镁

这两种硬脂酸盐色泽洁白，质地细腻，具有油脂般的感觉，均匀地涂敷于皮肤上可形成薄膜。这类物质对于皮肤有良好的黏附性能，用量一般为5%～15%。选用硬脂酸盐时必须注意不能带有油脂的酸败臭味，否则会严重破坏产品的香气。

6．氧化锌和钛白粉

它们在化妆品散粉中的作用主要是遮盖。氧化锌对皮肤有缓和的干燥和杀菌作用，15%～25%的用量能具有足够的遮盖力而皮肤又不致太干燥。钛白粉的遮盖力极强，但其不易与其他粉料混合均匀，最好与氧化锌混合使用，用量可在10%以内，钛白粉对某些香料的氧化变质有催化作用，选用时必须注意。

7．二氧化硅粉

有天然及合成两种，天然结晶产物也称石英，合成品多为非晶质构造。目前市场上使用的二氧化硅粉以人工合成品为主，有较强的润滑性和吸油性，可用于各种粉类产品，也可作为膏霜产品中的增黏剂和稳定剂。

8．膨润土

膨润土是以蒙脱土为主要成分的可塑性很高的黏土，蒙脱土是膨润土的有效成分。化妆品用的膨润土是细腻、呈白色或浅米色的粉末，略带泥土味。它是由接近胶体颗粒大小的晶片所组成，当放入水中，水就渗透到这些晶片之间，使它溶胀。优良的膨润土可溶胀至其原体积的12～14倍。在化妆品中主要用作增稠剂、悬浮剂和分散剂，常用于含粉剂的乳液、膏霜和面膜等。

任务实施

比较粉底液和粉底膏的使用效果

1．用品

眼线笔、粉底液、粉底膏（或遮瑕膏）。

2．步骤

（1）在手臂上用眼线笔涂抹两条短线。

（2）分别取适量粉底液和粉底膏，涂抹在画好的两条短线上。

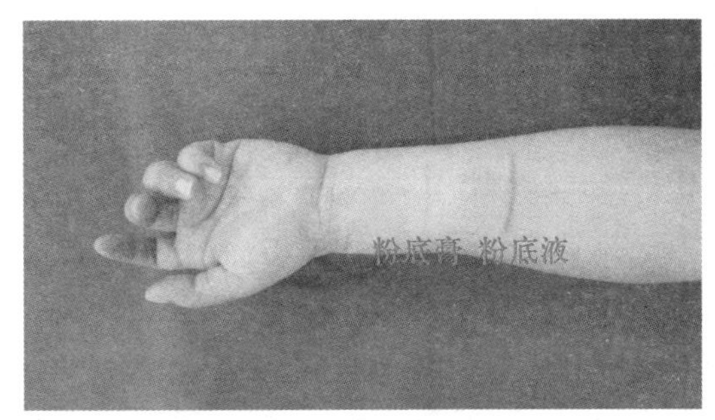

粉底膏和粉底液的质地对比

▲ 粉底膏和粉底液的质地对比

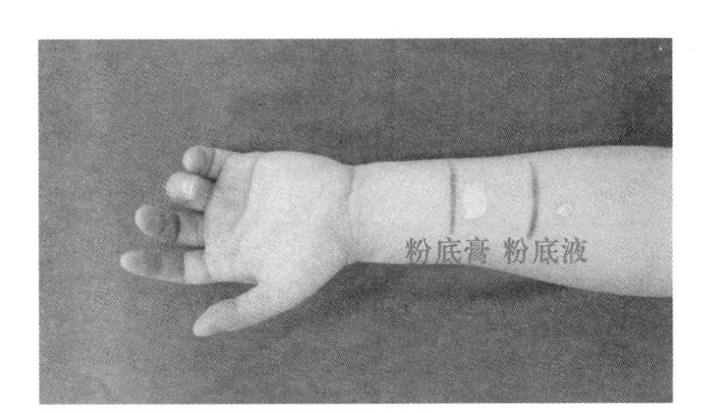

粉底膏和粉底液的遮瑕效果对比

▲ 粉底膏和粉底液的遮瑕效果对比

3．观察记录并思考

（1）粉底膏和粉底液的质地有何不同？

（2）涂抹粉底液和粉底膏后，有什么现象？

（3）粉底液和粉底膏的遮瑕效果是否不同，原因是什么？

任务总结

1．粉底类修饰品的分类及组成

粉底类修饰品基本由水、油脂（蜡类）、乳化剂及粉质原料等构成，根据成分比例不同可分为粉底液、粉底霜、粉底膏等。

2．各类粉底类修饰品的使用功效

粉底液呈乳液状，有流动性，比较轻薄，但易干燥，更适合油性皮肤，遮瑕效果一般；粉底霜呈膏霜质地，遮瑕效果比粉底液好，内含较多油性成分，比粉底液更加润泽，适合干性皮肤；粉底膏质地最厚重，遮瑕效果最好，但是由于质地黏腻，不易于涂抹均匀。

3．粉质原料

粉质原料的基本成分有体质颜料（即填充剂）、着色颜料、白色颜料和珠光颜料等。

4．体质颜料

体质颜料大多都是无机物，可分为天然矿粉（滑石粉、高岭土等）、氧化物（氧化锌、钛白粉等）、难溶性盐（碳酸钙、碳酸镁等）以及硬脂酸盐等。

任务拓展

配方分析——粉底液

成分	质量分数/%
蒙脱土	1.4
丙二醇	3.0
三乙醇胺	1.0
去离子水	57.4
氧化铁	1.2
滑石粉	3.0
二氧化钛	6.0
矿物油	16.0
棕榈酸异丙酯	5.0
油酸	6.0
防腐剂	适量

这个配方中滑石粉与二氧化钛属于粉质原料，利用了它们的填充性和遮盖力。

习题

1. 粉底类修饰品的基本成分主要有粉质原料和______；前者又包含了______、______、______、珠光颜料等。（填空）

2. 使用粉底类修饰品时需要注意哪些问题？

3. 下面为一粉底类修饰品配方，请指出粉质原料有哪些？

水
环五聚二甲基硅氧烷
三甲基硅烷氧基硅酸酯
氧化铁（红）
丁二醇
二氧化钛
氧化铝
苯氧乙醇
纤维素胶

任务二　粉类修饰品

周末，小丽一家人出去吃火锅，吃完后姐姐用粉饼补了下妆，妆容又焕然一新了。粉类修饰品的作用是什么？主要成分有哪些？

任务目标

1. 了解粉类修饰品的分类及组成。
2. 了解粉类修饰品的使用功效。
3. 树立实事求是的精神和科学严谨的态度，有探究精神。

知识准备

粉类修饰品又称为定妆粉、蜜粉、散白粉。粉类修饰品是无水少油的，基本全部由粉质原料配制而成的粉状制品。主要用于粉底类修饰品之后，多数为美容后修饰和补妆所用，可调节皮肤色调，抗黏腻、吸油脂，显示出无光泽但是透亮的肤色，增强化妆品的持续性，产生柔软、绒毛状的肤感，有些粉类修饰品还具有一定的防晒作用。粉类修饰品主要包括散粉和粉饼：散粉是由粉质原料配制而成的不含油分的粉状制品；粉饼是压制而成的化妆品，利于携带且使用方便。

散粉和粉饼的基本功能相同，配方的主要组成也相似。以散粉为例，其主要成分为体质颜料（填充剂）、着色颜料、白色颜料、防腐剂和香精，有时添加珠光颜料和金属皂。滑石粉是散粉中用量最多的基本原料，它铺展均匀，润滑性好，具有一定的光泽；散粉中用的高岭土洁白细腻，不含水溶性的酸性或碱性物质；碳酸钙用于散粉中，主要是有吸收汗液和皮脂的作用，也能去除滑石粉的光泽；碳酸镁与香精混合均匀后，再和其他原料混合，能降低散粉的密度；氧化锌和钛白粉在散粉中主要起遮盖作用，氧化锌还有收敛和抗菌作用；金属皂主要是硬脂酸锌和硬脂酸镁，其主要作用是增强散粉的黏附性。

市面上流行一种干湿两用的粉饼，主要是利用了散粉与粉底的粉质原料基本一致，干用可配合粉扑作散粉使用，湿用需用水沾湿粉扑后蘸取适量粉饼，上妆前稍微抖一下，抖去表面多余散粉，再均匀拍打全脸上妆，湿用法就像是用粉底液一样，遮盖力更好，可以遮盖皮肤的瑕疵。

任务实施

学习散粉的使用效果

1. 用品

粉底液、散粉。

2. 步骤

（1）在手臂内侧涂抹两块等大均匀的粉底液，在一块粉底液上用散粉定妆，另一块不用。

散粉的使用效果对比

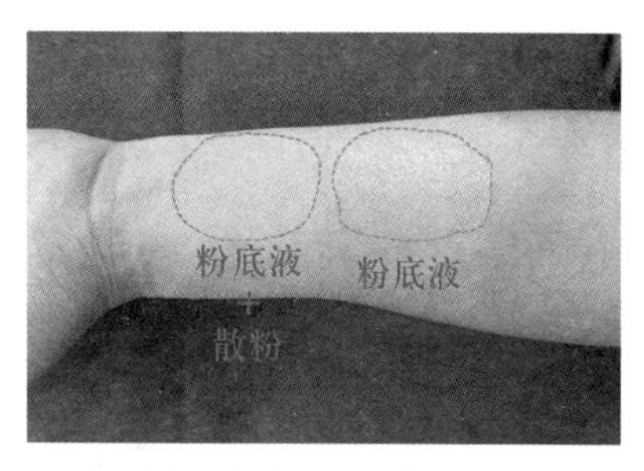

▲ 散粉的使用效果对比

（2）转动手臂，观察不同角度下的妆面质感。

3. 观察记录并思考

（1）观察粉底液和散粉有什么不同。

（2）对比使用与未使用散粉定妆的妆面有什么不同。

任务总结

1. 粉类修饰品的组成及分类

粉类修饰品的主要成分为体质颜料（填充剂）、着色颜料、白色颜料、防腐剂和香精，有时添加珠光颜料和金属皂。粉类修饰品主要包括散粉和粉饼，二者成分相似。

2. 粉类修饰品的使用功效

粉类修饰品质地干爽，含更多粉质原料，无水分，少油质。使用粉类修饰品可使底妆更加持久，使妆容清透自然，可避免因皮肤分泌油脂而导致的脱妆现象。因此油性皮肤或中干性皮肤夏季可使用粉类修饰品定妆补妆。

任务拓展

配方分析——散粉

成分	质量分数/%
滑石粉	73.0
高岭土	11.0
二氧化钛	5.0

续表

成分	质量分数/%
液体石蜡	3.0
失水山梨醇油酸酯	2.0
山梨醇	4.0
丙二醇	2.0
颜料和香料	适量

粉类修饰品一般配方中无水少油，以滑石粉和高岭土作为主要粉体，二氧化钛用于遮盖。

习题

1. 下列哪种物质不应出现在散粉中______。（多选）

   A. 滑石粉　　B. 去离子水　　C. 高岭土　　D. 香料

2. 是否可以不使用粉底类修饰品直接使用粉类修饰品？说出你的理由。

3. 如果粉饼摔碎了，你有什么方法帮助其复原？可能会存在哪些问题？

任务三　用于眉毛、眼睑的修饰品

今天上化妆课的时候，小美的化妆包里只有一根眉笔，画眼线的时候，她用眉笔替代眼线笔画眼线。请帮忙分析，这样做是否可行，效果又如何?

任务目标

1．了解用于眉毛、眼睑的修饰品的分类和组成。

2．理解用于眉毛、眼睑的修饰品的使用功效。

3．了解着色剂的分类。

4．了解我国人民对修饰眉毛的追求促进了文化艺术的发展，形成正确的审美观，树立民族自信心和文化认同感。

5．树立实事求是的精神和科学严谨的态度，有探究精神。

知识准备

一、用于眉毛的修饰品

1．眉笔

眉笔可用来修饰、美化眉毛，可以通过改变眉形，调整面型及五官比例。它的主要原料为蜡类（石蜡、蜂蜡、地蜡、矿脂等）、填充剂和着色剂等，其色彩除黑色外，还有棕褐色、茶色、暗灰色等。颜料除使用炭黑外，也可选用不同色彩的氧化铁颜料。

2．眉粉

现在市面上有一类产品称作眉粉，置于小盒中用小刷涂刷于眉毛处。相较于眉笔，眉粉的油质原料更少，可使眉部充满雾面感和丰盈感。

二、用于眼睑的修饰品

1．眼线笔

眼线笔是沿睫毛根部涂于眼睑边缘的化妆品，可突显眼睛轮廓和强化眼睛层次，增加眼睛魅力。眼线笔的主要原料与眉笔类似，但油质原料比例更高，主要呈蜡状，因此质地较眉笔柔软，更易上色。

2．眼线液

眼线液是较为流行的眼线类化妆品，呈液态，用软笔头涂抹使用，一般添加成膜剂，主要采用纤维素衍生物等天然高分子化合物以及水溶性的合成高分子，还常以乙醇为溶剂，以加快膜的干燥速度。

3．眼线膏

眼线膏为膏霜质地，配合小刷使用，颜色较重，一般用于浓妆使用。

三、着色剂

着色剂属于粉质原料中的一种，又称着色颜料。

（一）根据溶解度分类

化妆品所用的着色剂，根据是否能在溶剂中溶解被分为染料和颜料。颜料又包括色淀、调色剂和无机颜料。

1．染料

能溶于水或油以及醇类等溶剂，以溶剂为媒介，使被染物着色。根据其溶解性分为水溶性染料和油溶性染料。

2．颜料

不溶于所使用的介质的着色剂。不溶于指定的溶剂中，能使其他的物质着色。它与色淀相比具有较好的着色力、遮盖力、抗溶剂性。广泛应用于唇膏、腮红等化妆品。

（1）色淀

水溶性的染料吸附在不溶载体上而制得的着色剂，也可说是一种颜料。例如通过钙盐、钡盐、锶盐等金属盐使含有磺酸基的水溶性酸性染料沉淀而形成的不溶于水的色淀颜料；或利用这些金属盐使易溶性染料不溶于水，并使之吸附于氧化铝的色淀。它色泽鲜艳，不溶于普通溶剂，有高度的分散性、着色力和耐晒性。色淀广泛用于制造唇膏、腮红、散粉、指甲油等化妆品。

（2）调色剂

水溶性的染料以金属盐的形式沉淀生成的有机颜料，即不含载体的有机染料的难溶的金属盐。

（二）根据来源分类

着色剂根据来源可分为天然着色剂和合成着色剂。

1. 天然着色剂

其来源于植物、动物、天然矿物质，安全无毒且色调自然，但着色力度、稳定性都不够好，成本高也较难配色。

2. 合成着色剂

其均为人工合成，相较于天然着色剂来说，色泽鲜艳，着色力强，稳定性高，溶解性好，无味，易调色，但大多以煤焦油为原料制成，安全性不如天然着色剂高。

任务实施

眉笔和眼线笔着色能力和质地比较

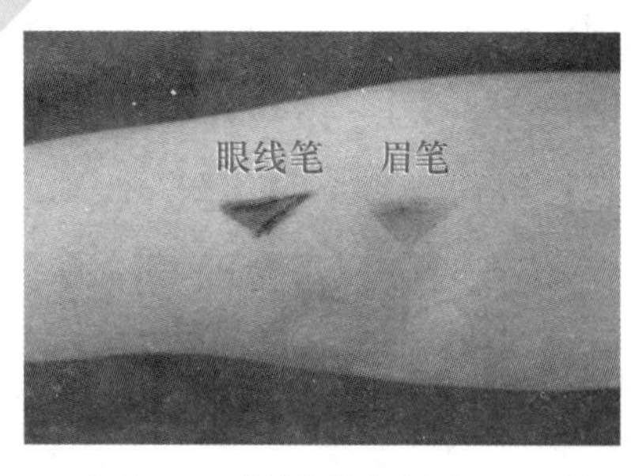

▲ 眉笔和眼线笔着色能力和质地比较

试用眉笔与眼线笔

1. 用品

眉笔、眼线笔、卸妆油、化妆棉。

2. 步骤

（1）在手臂上分别用眉笔、眼线笔画出一个小三角形，并填充内部。

（2）用化妆棉分别蘸取卸妆油，卸去上述小三角形印记。

3. 观察记录并思考

（1）两种产品的质地和上色能力有什么区别？

（2）用卸妆油卸去印记后观察到什么？为什么？

任务总结

1. 用于眉毛、眼睑的修饰品的组成和分类

用于眉毛、眼睑的修饰品的主要组成成分均为蜡类、填充剂和着色剂等。眉笔中蜡类含量低一些，可制成眉粉。眼线笔中蜡类含量高，用料更安全，另有眼线液和眼线膏等其他种类。

2. 眉笔和眼线笔的使用功效

眉笔的质地较硬，着色力度一般，需反复多次描画，可以让画出的眉毛薄雾状仿真；眼线笔的质地较眉笔软，也更容易上色，因此卸眼妆要注意卸干净。在画眼线时需要反复练习化妆手法，尽量不要画错。由于眼部出油较眉部多，要注意眼线的晕妆。

3. 着色剂的分类

根据溶解度可将着色剂分为染料和颜料。颜料又包括色淀、调色剂和无机颜料。根

据来源可分为天然着色剂和合成着色剂。

任务拓展

配方分析——眉笔

成分	质量分数/%
蜂蜡	6
氧化铁（黑）	11
滑石粉	10
高岭土	15
珠光剂	15
硬脂酸	10
野漆树蜡	18
硬化蓖麻油	5
凡士林	4
羊毛脂	3
角鲨烷	3
防腐剂和抗氧化剂	适量

该配方中使用氧化铁作为着色剂，蜂蜡、野漆树蜡、硬化蓖麻油、羊毛脂、角鲨烷等油脂原料可润泽眉部皮肤，也保证了使用时的顺滑感。

配方分析——眼线液

成分	质量分数/%
聚乙烯醇	6.0
肉豆蔻酸异丙酯	1.0
吐温60	0.4
羊毛脂	0.6
丙二醇	5.0
去离子水	78.0
炭黑	9.0
防腐剂	适量

该配方中使用炭黑作为着色剂。

习题

1. 下列不属于无机颜料的是______。(多选)

   A. 氧化铁　　B. 氧化锌　　C. 胭红虫红　　D. 炭黑

2. 眉笔、眼线笔中蜡类和着色剂的作用分别是什么?

3. 以下是某眉笔的主要配方，请指出蜡类和着色剂有哪些。

硬脂酸
氢化蓖麻油
野漆果蜡
甘油三(乙基己酸)酯
角鲨烷
维生素E
辛基十二醇肉豆蔻酸酯
滑石粉
二氧化钛
云母
氧化铁(黑)
氧化铁(红)
氧化铁(黄)

任务四　眼影与腮红

小丽的姐姐最近感冒了，但是小丽早上出门时看到姐姐，觉得她依然面色红润，神采奕奕，小丽问姐姐使用了什么化妆品。同学们也来猜猜吧。

任务目标

1．了解眼影和腮红的分类和组成。
2．了解眼影和腮红的使用功效。
3．了解眼影与腮红在舞台效果呈现方面的作用，提高审美意识。
4．树立实事求是的精神和科学严谨的态度，有探究精神。

知识准备

一、眼影

眼影的色彩丰富多样，能赋予眼睛神奇的魅力。不同色彩的眼影是添加不同着色剂配置而成的。眼影使用的着色剂是眼影的核心成分，着色剂的选取和特殊处理决定了眼影的色彩和光泽，可呈现出珠光、金属感、哑光等效果。由于眼睑是人体最薄的皮肤又靠近眼球，因此眼影所选用的原料从安全性和刺激性上来说都要谨慎使用。眼影可以分为眼影粉和眼影膏。

眼影粉在市面上较为流行，是将各色调的粉末在小浅盘中压制成型后，装于化妆盒内，携带和使用方便。其原料组成及配制方法均与粉饼类似。

眼影膏是将粉质原料均匀分散于油脂和蜡类的混合物而形成的，或分散于乳化体系的乳化型制品。

由油、脂和蜡制成的产品不含水分，持久性较好，适合干性皮肤使用；而乳化体系产品持久性较差，但使用时没有油腻感，适用于油性皮肤。眼影膏的持久性优于眼影粉。

二、腮红

腮红在古代称作胭脂，是一种使面颊着色的化妆品。腮红涂敷在面颊处，其目的是使面颊具有立体感，呈现红润血色和良好的健康容貌，一般主要使用红色系颜料。

腮红的原料除所用着色剂颜色种类不同，大致与眼影的原料基本相同。其中，除着色剂外还有其他原料如滑石粉、高岭土、碳酸钙、氧化锌、二氧化钛、硬脂酸锌、硬脂酸镁、淀粉以及胶合剂、防腐剂。

腮红主要有块状和膏状两种。块状腮红配方类似于粉饼，并添加了一些油脂和色素；膏状腮红是将颜料分散在油性基质中制成的，油脂可占总量的70% ~ 80%。块状腮红适合日常使用，色彩淡雅；膏状腮红适合舞台妆或是浓妆使用，色彩纯度高，使用方便。

任务实施

试用眼影膏、眼影粉和块状腮红

1．用品

眼影膏、眼影粉、块状腮红、化妆刷（眼影、腮红用）。

眼影膏、眼影粉、腮红的质地比较

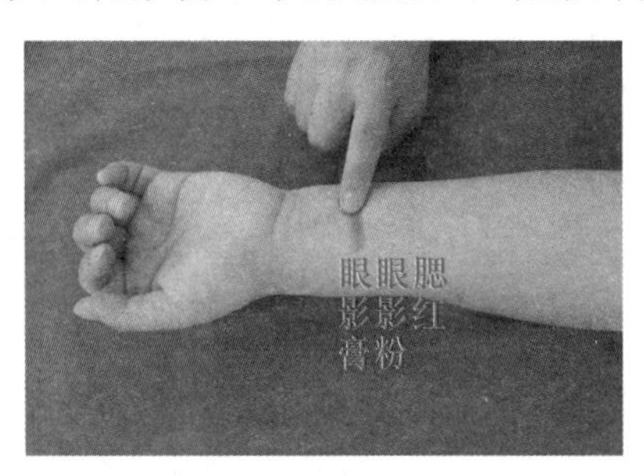

▲ 眼影膏、眼影粉、腮红的质地比较

2．步骤

（1）取适量眼影膏，用手涂抹在手臂内侧。

（2）用眼影刷蘸取适量眼影粉，涂抹在手臂内侧。

（3）用腮红刷蘸取适量块状腮红，涂抹在手臂内侧。

3．观察记录并思考

（1）从使用的感觉上来说，眼影膏和眼影粉的最大区别是什么？

（2）试着说说：三种用品在使用感觉上不同是因为哪种成分比例不同造成的。

（3）结合眼影粉和块状腮红的使用，思考使用粉质原料含量较多的修饰类化妆品着色时，应注意哪些问题。

任务总结

1．眼影和腮红的组成和分类

眼影和腮红的组成成分是粉质原料、着色剂、极少量的油、脂和蜡等。眼影可分为眼影粉和眼影膏，腮红有块状腮红和膏状腮红两种。

2．眼影和腮红的使用功效

眼影膏与眼影粉最明显的区别就在于眼影膏是膏体，含油脂较多，眼影粉则是粉状，基本不含油脂。

任务拓展

常用配方——眼影粉

成分	质量分数/%
滑石粉	82.0
硬脂酸锌	6.5
群青	5.4
黑色氧化铁	0.1
氢氧化铬绿	2.0
蜂蜡、矿物油、羊毛脂	4.0

常用配方——眼线膏

成分	质量分数/%
凡士林	60.0
羊毛脂	4.0
蜂蜡	10.0
地蜡	10.0
液体石蜡	16.0
颜料	适量
防腐剂、香精	适量

比较以上两个配方可以看出，眼影粉中的粉质原料含量较多，而眼影膏中油质原料含量较多。

配方分析——腮红

成分	质量分数/%
滑石粉	46.0
高岭土	18.0
硬脂酸锌	6.0
氧化锌	5.0
碳酸镁	5.0
米淀粉	10.0
二氧化钛	4.0
着色颜料	6.0

该配方组成均为粉质成分。滑石粉和高岭土是填充剂；硬脂酸锌是肤感调节剂，使用时具有爽滑感；氧化锌和二氧化钛是防晒剂；碳酸镁和米淀粉是吸附剂。

习题

1. 眼影可分为______和______两类，前者含______较多。（填空）
2. 腮红类产品用于散粉______；且应遵循______原则。（填空）
3. 下列是某眼影粉的主要成分配方，请指出其中的着色剂有哪些？

滑石粉
硬脂酸镁
聚二甲基硅氧烷
氢化聚异丁烯
辛基十二醇硬脂酰氧基硬脂酸酯
氧化铝
三乙氧基辛基硅烷
维生素E
乙基己基甘油
苯氧乙醇
云母
二氧化钛
红色氧化铁
黄色氧化铁
黑色氧化铁
群青类

任务五　睫毛膏

小美特别喜欢舞蹈，最近观看了新疆的民族舞演出，也想拥有纤长浓密的睫毛。她应该使用什么类型的化妆品呢?

任务目标

1．了解睫毛膏的组成。

2．了解睫毛膏的使用功效。

3．树立实事求是的精神和科学严谨的态度，有探究精神。

知识准备

睫毛膏涂抹于睫毛上，使睫毛着色，看上去浓密又纤长，以增强眼睛的魅力。睫毛膏使用方便，通常装在长圆形管中，盖子下面有专用的睫毛刷，只要从睫毛根部向睫毛尖端均匀地刷上即可。

睫毛膏的主要原料有蜡类（蜂蜡、棕榈蜡、石蜡等）、成膜剂、纤维（羟乙基纤维素、尼龙等）等，还有少量保湿成分和着色剂等。刷睫毛时，油相携带着色料黏附于睫毛上，沿着睫毛方向拉长延伸，在成膜剂和纤维的协助下快速成膜硬化，使睫毛看起来浓密纤长。

睫毛膏固化后快速干燥硬化，遇汗液、泪液也不易脱落，可防止眼部出油出汗导致晕妆。需注意使用后要及时将刷头放回瓶中，防止结块，卸妆时需用卸妆用品轻柔去除；睫毛膏的黏附性和延展性很好，较为丝滑。

任务实施

感受睫毛膏的质地与使用效果

1．用品

睫毛膏。

2．步骤

（1）选取一位同学作为模特。

（2）在模特的一侧睫毛上刷睫毛膏，感受膏体的延展性。

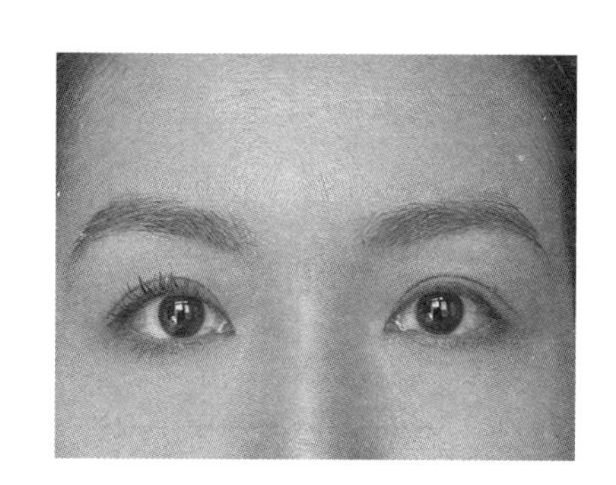

▲ 使用睫毛膏（左眼）和不使用睫毛膏（右眼）的效果比较

（3）过一段时间，用手触摸一下刷了睫毛膏的睫毛，观察感受睫毛膏质地的变化。

（4）试用食盐水清洁睫毛膏，看睫毛膏是否脱落。

3．观察记录并思考

（1）睫毛膏的延展性如何？

（2）涂抹睫毛膏一段时间后其质地有何变化？

（3）食盐水能不能卸除睫毛膏，为什么？

（4）睫毛膏的拉丝效果是什么成分引起的？

任务总结

1．睫毛膏的组成成分

睫毛膏的主要原料有蜡类、成膜剂、纤维等。

2．睫毛膏的使用功效

使用睫毛膏可使睫毛看起来浓密纤长。拉丝效果是由于其具有纤维成分。

任务拓展

配方分析——睫毛膏

成分	质量分数/%
羟乙基纤维素	1.2
聚乙烯吡咯烷酮	0.2
乙醇	12.0
油醇	1.6
炭黑	9.0
去离子水	76.0
防腐剂	适量
香精	适量

该配方中，炭黑是着色剂；羟乙基纤维素是一种高分子原料，有拉丝效果，聚乙烯吡咯烷酮是一种常见成膜剂，可以硬化定型。

习题

1. 睫毛膏的主要成分及功效有哪些？
2. 如何防止睫毛膏结块？

任务六　唇膏

小丽准备送给刚上大学的表姐一支唇膏，她站在美妆柜台前，面对不同质地和色泽的唇膏犯了难，不知道该怎么挑选。你能帮帮她吗?

任务目标

1. 了解唇膏的分类及组成。
2. 了解唇膏的使用功效。
3. 树立实事求是的精神和科学严谨的态度，有探究精神。

知识准备

唇膏一般涂抹于唇部，一类是无色素的，富含油脂，用于滋润唇部；另一类是添加了着色剂的，用来改善唇部色彩，大部分以红色为基调，使唇部看起来娇艳动人，俗称口红。市面上另有唇釉、唇彩、唇笔、染唇液、唇泥等多种唇部彩妆，唇釉和唇彩使用成膜剂且油脂较少，因此较唇膏相比更加轻薄而不易褪色。

唇膏的主体是油、脂、蜡，含量要达到90%左右。极高的油性基质使得唇膏易于涂抹、使用方便。最常采用的有蓖麻油、单硬脂酸甘油酯和羊毛脂，以及蜂蜡、地蜡等材料。

唇膏中使用的着色剂通常包括可溶性色素和非溶性色素两种。最常用的可溶性色素是溴酸红，也称曙红。曙红色彩牢固持久，但是不溶于水，少量溶解于油脂。非溶性色素主要是色淀，需混入油、脂、蜡基体中，但是附着力不佳，通常与曙红同时使用。有时唇膏中还会加入一些珠光颜料，使用后产生闪烁的效果。

任务实施

自制简单唇膏

1. 用品

橄榄油3 g、蜂蜡1 g、小烛树蜡0.1 g、研磨好的色淀0.33 g、香精少量、烧杯、药匙、刻刀、恒温水浴锅、玻璃棒、模具、电子秤。

2. 步骤

(1) 校准电子秤，放上烧杯，去皮。

（2）在烧杯中分别加入橄榄油3 g、色淀0.33 g，用玻璃棒搅拌至均匀无颗粒。

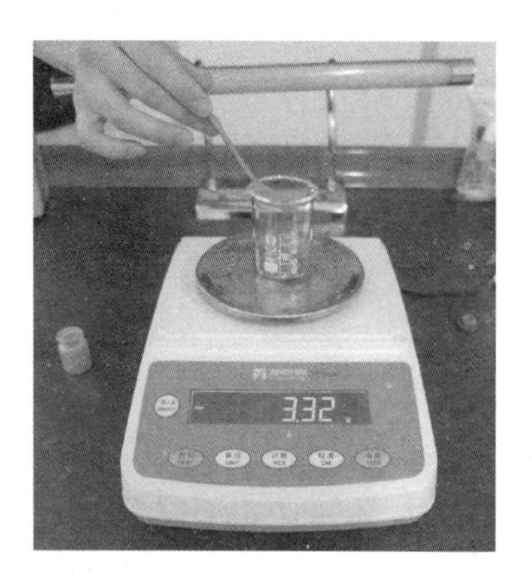

（3）再加入白蜂蜡1 g和小烛树蜡0.1 g，将烧杯放入80℃恒温的水浴锅中加热至蜡熔化，并用玻璃棒搅拌均匀。

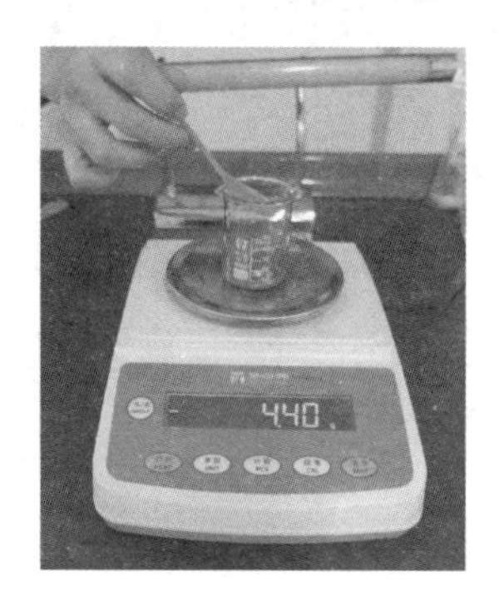

（4）将烧杯从水浴锅中取出，加入一滴香精后趁热将烧杯内的溶液倒入模具，可用冷水冷却或将模具放入冰箱冷冻，方便脱模。

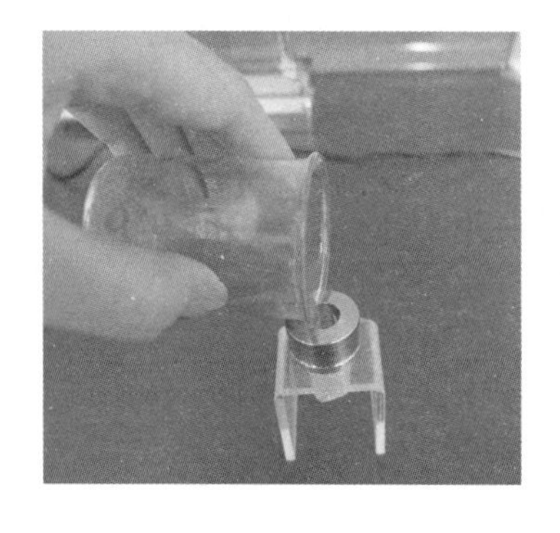

（5）将唇膏倒插入唇膏管中即为成品。

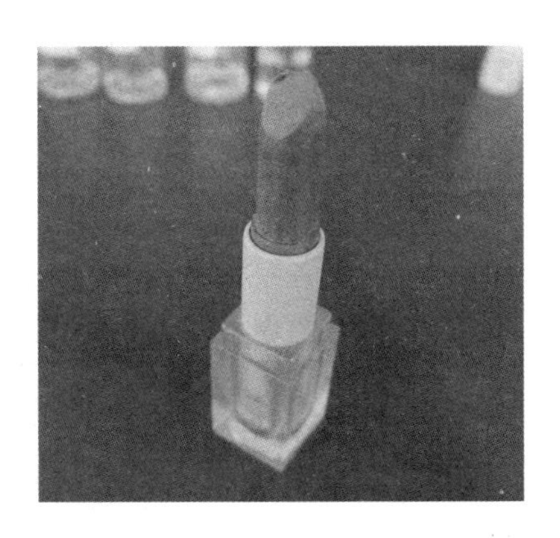

3．观察记录并思考

（1）在制备唇膏的过程中感受唇膏的质地如何。

（2）如想获得更加滋润的效果，可以增大哪种成分的比例？

任务总结

1．唇膏的组分

唇膏的主体是油、脂、蜡等油质原料，再加着色剂等辅助原料构成。

2．唇膏的使用功效

唇膏可用于滋润唇部和改善唇部色彩，大部分以红色为基调。唇膏的主要成分为油质原料。油、脂使唇膏质地软糯，蜡使唇膏易成型。

任务拓展

配方分析——唇膏

成分	质量分数/%
巴西棕榈蜡	7.0
蜂蜡	18.0
羊毛脂	5.0
鲸蜡醇	2.0
蓖麻油	44.0
硬脂酸甘油酯	9.5
棕榈酸异丙酯	2.5
溴酸红	2.0

续表

成分	质量分数/%
色淀	10.0
香精	适量
抗氧剂	适量

该配方中大部分成分为油质原料，起到滋润和保持光泽度、溶解色素等功效。

习题

1. 唇膏的主要成分是什么？具有什么功效？
2. 下列是一款唇膏的主要成分配方，请指出油质原料有哪些。

纯地蜡
辛基十二烷醇辛酸酯
十三烷醇偏苯三酸酯
聚异丁烯
氢化聚癸烯
辛酸/癸酸甘油酯类
液体石蜡
聚乙烯
蜂蜡
微晶蜡
云母
Cl 15850（着色剂）
Cl 45410（着色剂）
Cl 19140（着色剂）
Cl 15985（着色剂）

任务七　甲油

小丽和同学们给合唱团的奶奶们化好了妆。奶奶们在红色演出服的映衬下，显得格外年轻美丽。当奶奶们抬起手整理发型的时候，小丽觉得好像整个妆容再加点什么就更完美了，对！是指甲油。同学们又给每位奶奶涂上了红色的指甲油。

任务目标

1．了解甲油的组成。
2．了解甲油的使用功效。
3．树立实事求是的精神和科学严谨的态度，有探究精神。

知识准备

甲油是一种涂敷于指（趾）甲上的化妆品，被广泛用于指（趾）甲，颜色丰富艳丽。甲油的历史可追溯到公元前3000年的中国，当时它是作为显示个人社会地位的一种方式。在明朝也有当时以黑色和红色指甲作为皇族象征的记录。

传统甲油的主要成分为70%～80%的挥发性溶剂，15%左右的纤维素（成膜剂、黏合剂、增塑剂），少量的油性溶剂、着色剂和防尘剂等。甲油涂于甲后所形成的薄膜，坚牢而具有适度着色的光泽，不会被水、油脂类、表面活性剂等清除，需用专业的卸甲油溶解卸除。甲油既可保护甲，又赋予甲一种美感。好的甲油，易于涂抹，色调均匀，能迅速固化，不含有毒物质，色彩稳定且不易脱落，另有一些特殊色料甚至是装饰品的使用，如亮片、温变颜料、磁石粉，使甲油呈现不同的质地。

甲油胶是近年来新兴的甲油类产品，又称凝胶甲油。它是由甲基丙烯酸酯化合物和光敏凝固剂（如过氧化苯甲酰）组成的替代制剂。与涂抹传统的甲油不同，甲油胶是使甲油中的抛光剂在紫外线灯照射的条件下固化加速，起到提高硬度不易脱落的作用。

任务实施

试用指甲油

1．用品

指甲油、卸甲油、清水、化妆棉。

2．步骤

（1）将指甲油刷在指甲上。

（2）等待指甲油快速硬化，感受甲油质地的变化。

（3）过几天后用卸甲油去除指甲油后洗净，观察指甲表面的变化。

涂指甲油

卸指甲油后

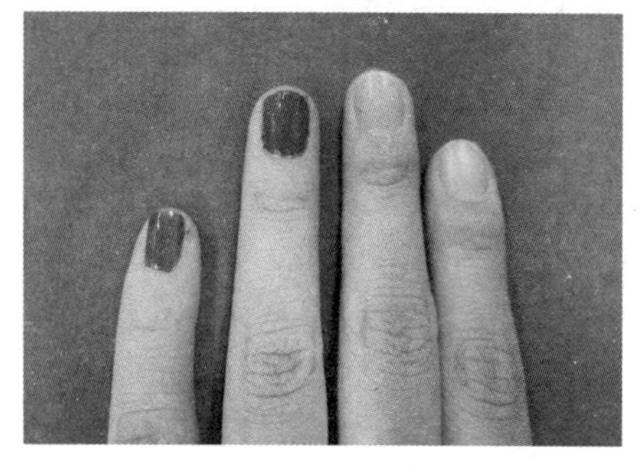

▲ 涂指甲油

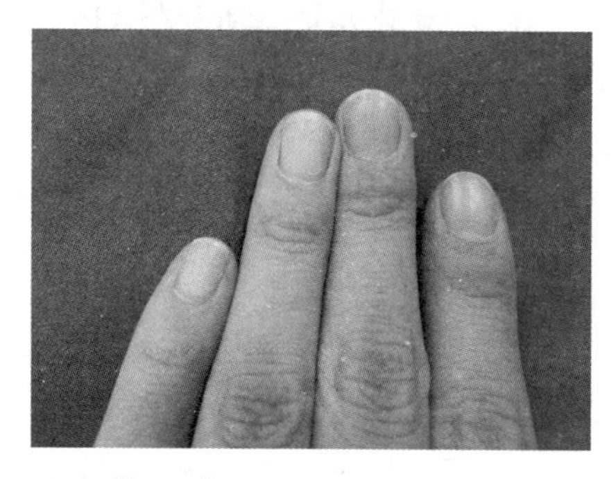

▲ 卸指甲油后

3．观察记录并思考

（1）卸指甲油后指甲表面有什么变化？

（2）为什么指甲油能快速固化？

任务总结

1．甲油的成分

甲油的主要成分为挥发性溶剂、纤维素，少量的油性溶剂、着色剂和防尘剂等。

2．甲油的性质

甲油由于含有较高成分的纤维素（成膜剂、黏合剂、增塑剂）配合易挥发的溶剂可使甲油迅速固化。

任务拓展

配方分析——甲油

成分	质量分数/%
硝化纤维素	16.0
对甲苯磺酰胺甲醛树脂	7.0
邻苯二甲酸二丁酯	4.0
乙酸乙酯	4.5
乙酸丁酯	30.0

续表

成分	质量分数/%
丁醇	4.0
甲苯	34
色素	0.5

该配方中的硝化纤维素为成膜剂，对甲苯磺酰胺甲醛树脂为黏合剂，邻苯二甲酸二丁酯为增塑剂，各种酯类、丁醇、甲苯为挥发性优良的有机溶剂。

习题

1. 甲油的主要成分是什么？它们都有什么作用？
2. 哪些人群不适合涂抹甲油？涂抹甲油后及卸甲油后的指甲应如何保养？

模块总结

1. 修饰类化妆品

（1）粉底类修饰品。

（2）粉类修饰品。

（3）用于眉毛、眼睑的修饰品。

（4）眼影、腮红。

（5）睫毛膏。

（6）唇膏。

（7）甲油。

2. 常见的体质颜料

（1）天然矿粉。滑石粉、高岭土等。

（2）氧化物。钛白粉、氧化锌等。

（3）难溶性盐。碳酸钙、碳酸镁等。

（4）硬脂酸盐。硬脂酸锌等。

3. 着色剂

化妆品所用的着色剂，根据是否能在溶剂中溶解被分为染料和颜料，颜料又包括色淀、调色剂和无机颜料。

着色剂根据来源又可分为天然着色剂和合成着色剂。

模块检测

1. 修饰类化妆品以哪类成分为核心组成，为什么？
2. 尝试根据自身肤质、肤色选购一套修饰类化妆品，并说说为什么。

模块五

洗发护发类化妆品

一头乌黑亮泽蓬松柔顺的秀发，是不是你特别想拥有的？头发柔顺、飘逸，具有光泽也是健康的标志之一。人们在追求干净健康秀发的基础上，更是孜孜不倦地追求对头发的美化。在没有现代的洗发护发类化妆品之前，人们用天然的皂角或草木灰来清洗头发；用淘米水来养护头发；通过把长长的头发绾起，在头上饰以各种金银珠翠的簪钗等精美饰物装扮自己。

洗发护发类化妆品主要是针对头发的清洁、保养与美化的一类化学用品。头发的健康光泽首先来自清洁的头发，头发上存在的污垢不但影响外在形象，还会给健康带来隐患。为了保持头发的光泽，在清洁头发之后，往往还需要用到护发用品，如发油、发乳。这些护发用品有些可以在家里自己涂抹使用，有的则需要专业的仪器辅助完成。如果想塑造出一些精美的造型，除了需要巧妙构思和巧手，还需要借助一些定型产品。为了改变发色和头发的曲直，人们又发明了染发和烫发用品，它们属于特殊功效的化妆品。它们的生产需要严格的监管，对于它们的安全性也有严格的规定。

过去，人们为保持头发的良好触感，在洗发后一般会用植物油、鸡蛋清、柠檬汁、醋等再次擦洗、冲洗，使洗后的头发具有柔软光泽的外观。现在，虽然大家日常使用较温和的洗发产品，也难免会造成头发过度脱脂和某些洗发产品的积聚。此外，随着头发漂染剂、烫发剂、定型发胶等美发用品的频繁使用，洗发频度的增加，日晒和环境的污染，都会使头发受到不同程度的损伤。这就在一定程度上增加了人们对头发调理制品和护发制品的需要。

模块学习目标

1. 了解洗发护发类化妆品的化学作用原理及分类。

2. 了解各类洗发用品和护发用品的基本组成成分。

3. 制作简单洗发液。

4. 理解各种特色添加剂的护理功效。

5. 形成正确的审美观，有实事求是的精神，理论联系实际，了解我国古代劳动人民使用的天然洗发护发类化妆品，形成民族自信心和文化认同感。

任务一　洗发用品

最近，小美参加了一个关于野外的植物调查活动，由于条件所限无法洗头，她的头发变得不再蓬松，感觉油腻还有点痒。她回来后应该选择怎样的洗发液洗发呢?

任务目标

1．了解洗发用品的化学作用原理及分类。

2．了解各类洗发用品的特征、使用功效及基本组成成分。

3．了解表面活性剂在溶液中的润湿作用和起泡作用。

4．制作简单洗发液。

5．形成正确的审美观，有实事求是的精神，能理论联系实际。

知识准备

一、洗发用品概述

头发上的污垢一般有三种来源：①头皮的皮脂腺与汗腺的分泌物；②头发定型产品的残留物（如发胶、定型泡沫、发乳）；③空气中的灰尘等污染物。这些污垢如果长时间停留在头发上，会滋生细菌，产生异味。

洗发用品的功能在于清除头发及头皮上的污垢，以保持头发的清洁、人体的健康。

1．洗发用品分类

洗发用品的产品形态有液状与膏状两种。液状洗发用品以表面活性剂为主要原料，称洗发液；膏状洗发用品通常以脂肪酸皂为主要原料，称洗发膏；日常使用较多的是洗发液。

（1）洗发液。常见的洗发液有透明洗发液和珠光洗发液两种。影响洗发液功能的重要物理指标是洗发液的黏度。黏度较高的洗发液便于贮存与使用。配方中加入氯化钠、氯化铵等无机盐，可以增加洗发液的黏度，也可适当加入水溶性高分子物质用于增稠。

（2）膏状洗发用品由脂肪酸皂为主要原料配制成。它的优点是脱脂力强、便于贮存。但也因为它有超强的洁净力，往往会对头发表层的脂质层造成破坏；另外当它遇到硬水中的Ca^{2+}、Mg^{2+}，会生成难溶的絮状物附着在头发表面，这些都会造成洗后的头发缺乏光泽、不易于梳理。

洗发用品按功能分类有通用型、调理型及特殊功效型。以洗发液为例，人们日常使用的油性洗发液、干性洗发液为通用型；染发洗发液、烫发洗发液为恢复发质的调理型；而去屑洗发液、止痒洗发液则为特殊功效型洗发液。

2．洗发液的优点

目前，人们习惯使用的洗发用品主要是洗发液，因为洗发液无论在制作或使用方面都具有较大的优点。

（1）以表面活性剂为主要原料的洗发液具有良好的去污性和泡沫的稳定性。

（2）洗发液的表面活性剂还能有效地避免硬水中的由钙镁离子造成的难溶物附着在头发表面，使清洗后的头发易于梳理，富有光泽。

（3）在洗发液的制作中能较灵活地配制合适的黏稠度，便于取用。

二、表面活性剂的作用

洗发液是以表面活性剂为主要原料的，表面活性剂一般在水溶液中使用。水中溶有表面活性剂时，由于表面活性剂能吸附在界面上，使溶液的表面张力下降、亲水性发生变化，具有相应的润湿、渗透、起泡、稳定泡沫等作用。

1．润湿作用和渗透作用

润湿是最常见的现象，比如把衣服或纸放入水中，衣服或纸会慢慢变湿，这就是润湿作用。在清洁的玻璃板上滴一滴水，水立刻铺展开来，也是润湿作用。

渗透作用实际上是润湿作用的一个应用。如棉絮未经脱脂就浸入水中时不容易润湿，若在水中加入表面活性剂，水就在棉絮表面上铺展，渗透入棉絮内部。

2．起泡作用

泡沫是人们日常生活中经常见到的，如肥皂泡、啤酒倒出时产生的大量泡沫。气体分散在液体中的状态称为气泡。许多气泡相互集合在一起，彼此之间被液体薄膜或固体薄膜隔开，这种状态称为泡沫。气体只有一个界面，而泡沫则有两个界面。在使用有些化妆品时，如定型泡沫、剃须膏，会产生大量的泡沫，在使用合成洗涤剂时也会产生大量泡沫。有些时候，泡沫也会给生活和生产带来不利，所以我们有时需要强化起泡作用，有时却需要减弱起泡作用或消泡。

（1）泡沫的形成。泡沫细腻丰富的化妆用品会给人们带来愉悦的使用感受。由于气体和液体的密度相差很大，因此泡沫中的气泡总是很快就上升到液面，形成被一薄层液膜隔开的气泡聚集体。我们通常所说的泡沫，就是指这种比较稳定的、被液膜隔开的气泡聚集体。由于这样密集堆积在一起的气体特别容易变形，组成泡沫的气泡常是多面体的形状，如我们仔细观察洗衣服时形成的肥皂泡，就可以看到泡沫的蜂窝状结构。

纯液体不能形成稳定的泡沫。搅拌一杯纯水，虽然也有气泡浮起，但升至表面后很快就会破裂。只有加入表面活性剂后，才能形成比较稳定的泡沫。这些对泡沫起稳定作用的物质称为起泡剂。表面活性剂是最常用的起泡剂，包括各类高分子化合物和蛋白质等。

（2）泡沫的发泡力。发泡力或称起泡力是指泡沫形成的难易程度及生成泡沫量的多少，是泡沫的主要性能之一。

从泡沫形成的过程来看，形成泡沫时液体的表面积增大，因此表面张力小有利于起泡。阴离子表面活性剂发泡力最大，聚氧乙烯醚型的非离子型表面活性剂次之，脂肪酸酯型的非离子型表面活性剂发泡力较小。表面活性剂的类型是决定发泡力的主要因素，但环境条件也会影响发泡力，如温度、水的硬度、溶液的pH和添加剂。

（3）泡沫的稳定性。泡沫的稳定性是泡沫的另一个主要性能。泡沫属于热力学不稳定体系，泡沫被破坏的主要原因是液膜排液变薄和泡内气体的扩散。泡沫的存在依赖于隔开气泡的液膜，由于气液两相的密度相差很大，液膜在重力作用下会变得越来越薄，到一定程度就容易在外界扰动下破裂。

气泡内的气体透过液膜扩散也是泡沫破裂的一个原因。泡沫里的气泡有大有小，小气泡内的气体压力高于大气泡，于是气体会从小气泡透过液膜扩散进入大气泡中，造成小气泡变小甚至消失，而大气泡却不断变大的现象。浮在液面上的气泡气体透过液膜直接向气相扩散，最后导致泡沫破裂。

要使泡沫稳定，可以在溶液中加入表面活性剂。液膜表面吸附了表面活性剂分子，可以降低液体的表面张力，同时表面活性剂的双分子膜会阻碍液体流动和气体透过，对液膜起着表面“修复”作用，使泡沫具有良好的稳定性。

加入增稠剂也可以提高泡沫的稳定性。常用的增稠剂大多是水溶性高分子化合物，如羧甲基纤维素、海藻酸钠。

三、洗发用品常用表面活性剂

表面活性剂是洗发用品的主要成分，起到去污和发泡的作用。

1．皂类

粉状和块状洗发用品一般使用钠皂，液态洗发用品常使用钾皂和三乙醇胺皂。皂类在硬水中不稳定，如果在洗发用品配方中使用，常常需要加入钙皂分散剂，用以防止皂类在硬水中产生沉淀。

2．脂肪醇硫酸盐和乙氧基脂肪醇硫酸盐

所用的脂肪醇的碳原子数为12～14个。一般制成钠盐，也有胺盐或三乙醇胺盐。这类表面活性剂在硬水中稳定，去污力良好，在洗发用品配方中使用十分普遍。它对头皮和眼部的刺激性小，可以广泛用于洗发用品中。

3．两性表面活性剂

如咪唑啉衍生物。这类表面活性剂的成本较高，所以使用并不普遍。由于对眼部的刺激性小，常用于制作婴儿洗发用品。除了上述主要表面活性剂外，洗发用品中常配有一些辅助表面活性剂，如脂肪酸醇酰胺等，用以促进起泡并使泡沫稳定和增加黏稠度。

四、洗发用品基本组成成分及其性质

1．烷基醚硫酸盐

是一种性能优良的阴离子表面活性剂。它具有优良的去污、乳化和发泡性能，溶解性好，增稠的效果好，有较高的生物降解度，对皮肤和眼部刺激性比较小。主要用于洗发液。

2．十二烷基硫酸钠

又称椰油醇硫酸钠、月桂醇硫酸钠。为白色或淡黄色粉末，易溶于水，对碱和硬水不敏感，是一种对人体有微毒的阴离子表面活性剂。具有良好的乳化和起泡性能，可生物降解，在较宽pH范围的水溶液中有比较高的稳定性，价格低廉等特点。

3．烷基醇酰胺

是非离子型表面活性剂中使用年代比较久远，品种和数量比较多的一大类。可以直接用作洗发用品，或在洗发用品中作为增稠剂、增泡剂、泡沫稳定剂、增溶剂使用。

4．月桂酸二乙醇酰胺

是乳白色至淡黄色固体，溶于水和一般的有机溶剂，具有良好的起泡性、泡沫稳定性。在洗发用品中作为泡沫稳定剂和黏度改进剂。

5．烷基硫酸三乙醇胺盐

在化妆品（包括皮肤洗涤、洗发剂等）中用作乳化剂、保湿剂、增稠剂和酸碱平衡剂。在化妆品配方中用来与脂肪酸发生中和反应生成皂，与硫酸化脂肪酸中和生成胺盐。用三乙醇胺乳化的膏类洗发用品具有膏体细腻、亮白的特点，另外，三乙醇胺与高级脂肪酸或高级脂肪醇形成的胶体稳定性好，产品质量稳定。在洗发液中加入三乙醇胺，可改进油性污垢（特别是非极性皮脂）的去除能力，还可以通过提高碱性来提高去污能力。

6．椰子油单乙醇酰胺

由椰子油、椰油脂肪酸或椰油脂肪酸甲酯与单乙醇胺反应制得，也可以用于进一步合成其他表面活性剂。

7．乙二醇硬脂酸酯

乙二醇硬脂酸酯在表面活性剂复合物中经加热发生溶解或乳化反应，在降温过程中析出结晶产生珠光效果。在洗发液中使用可产生明显的珠光效果，并能增加产品的黏度，还具有滋润皮肤、养发护发和抗静电的作用。它与其他类型表面活性剂的相溶性较好，而且能体现稳定的珠光效果及增稠调理功能。对皮肤没有刺激，对毛发没有损伤。相比之下，乙二醇双硬脂酸酯产生的珠光比较强烈，乙二醇单硬脂酸酯产生的珠光比较细腻。

8．丙二醇单硬脂酸酯

用作乳化剂、消泡剂、稳定剂，常与单、双甘油酯等其他乳化剂配合使用，起增效作用，使产品具有良好的乳化稳定性。

9．吡啶硫酮锌

是高效安全的去屑止痒剂和广谱杀菌剂，还可以延缓头皮衰老，减少脱发和白发。但是它应用于洗发产品配方中时，经常会出现沉降现象，偶尔操作不慎还会出现变色现象，如遇铁离子易变色。因此，配方中必须加入悬浮剂和稳定剂等。它对光不稳定，还会遮盖洗发产品的珠光。

任务实施

观察洗发液的使用效果

1．用品

洗发液，头皮观察仪、洗发工位、毛巾。

2．步骤

（1）选取一位同学做模特（提前安排这位同学几天不要洗头）。

（2）用头皮观察仪观察头皮情况。

（3）在洗发工位上，使用洗发液给模特洗发，观察洗发液的状态以及使用时产生泡沫的情况。

（4）用水洗干净头发，用毛巾擦干。观察洗发前后头发状态的不同。

（5）再次用头皮观察仪观察清洗后的头皮的情况。

▲ 未洗发时的头皮

▲ 洗发后的头皮

3．观察记录并思考

（1）洗发前用头皮观察仪观察到的情况有哪些?

（2）洗发时洗发液的状态以及使用时产生泡沫的情况分别是怎样的?

（3）洗发前后，头发的状态有什么不同?

（4）对比用洗发液洗发前后的头皮的情况，想一想洗发液的作用是什么，通过哪些成分起到这些作用。

（5）如何选用适合自己的洗发用品?

任务总结

洗发用品的功能在于清除头发及头皮上的污垢。洗发用品可以分为通用型、调理型及特殊功效型，通常有液状与膏状两种剂型。洗发用品以表面活性剂为主要成分，洗发液常以阴离子型表面活性剂为主要成分，膏状香波则采用脂肪酸皂为主要成分，其中洗发液是人们通常使用的洗发用品。表面活性剂有润湿和起泡的作用。

任务拓展

我们来学习几种洗发用品的配方，同学们可以试着分析一下各种成分的作用。

[透明洗发用品配方]

烷基醚硫酸钠、烷基醇酰胺、氯化钠、防腐剂、色素、香精、去离子水。

[珠光洗发用品配方]

烷基硫酸三乙醇胺盐、烷基醇酰胺、乙二醇单硬脂酸酯、防腐剂、色素、香精、去离子水。

[常用去屑洗发用品配方]

烷基硫酸三乙醇胺盐、月桂酸二乙醇酰胺、聚丙烯酸三乙醇胺盐、锌吡啶硫酮、防腐剂、色素、香精、去离子水。

习题

1. 洗发用品有什么功能、如何分类?
2. 如何增强泡沫的稳定性?
3. 锌吡啶硫酮在洗发用品中起到______的作用。(单选)

   A. 发泡剂　　B. 表面活性剂　　C. 去屑止痒剂　　D. 珠光剂
4. 珠光洗发用品中经常添加______作为珠光剂。(单选)

   A. 硬脂酸　　B. 乙二醇单硬脂酸酯

   C. 吡啶硫酮锌　　D. 烷基醇酰胺

任务二　护发用品——护发素

一到干燥的秋冬季节，小美的头发就变成了一团乱麻，特别不好梳理，尤其是梳到发尾时，头发常常打结梳不开，还特别容易起静电。小艾老师快来帮帮忙，帮小美解决这个棘手的问题吧。

任务目标

1. 了解护发素的化学作用原理及分类。
2. 了解护发素的使用功效。
3. 了解护发素的基本组成成分和常用配方。
4. 有实事求是的精神，能理论联系实际。

知识准备

一、护发素概述

护发用品的功能在于促进头皮的血液循环，增加发根的营养，恢复由于烫发、漂染等操作而受损的头发的功能，同时具有防止脱发、去屑止痒等效果。

常用的护发用品既有以水剂为主的适合油性发质的O/W型发乳，又有以油脂含量为主的适合干性发质的W/O型发乳，还有水剂、发油及油膏等产品。

护发素是常用的护发用品，其功能是增加头发的养分，消除静电，修复受损发质，使发质柔软、飘逸并富有光泽。

在使用洗发用品洗去污垢的同时，也会洗去头发表面的油分，使头发表面的毛鳞片逆起，造成发丝之间摩擦力增大，头发易缠结而难以梳理。同时逆起的毛鳞片也使得头发光泽度下降，还容易产生静电。如果再烫发、染发，对头发造成的伤害则更加严重。

护发素的主要成分是阳离子表面活性剂。一般认为头发带负电荷，而阳离子表面活性剂带正电荷，可以通过静电作用吸附到头发上，在头发表面覆盖了一层油膜，修复了头发表面逆起的毛鳞片，降低了头发的摩擦系数，使头发变得润滑，从而使头发柔软、有弹性、易于梳理、有光泽、抗静电，这就是护发素的作用原理。头发对各种调理物的吸附量会因pH、温度以及头发的损伤程度而不同，一般而言，对阳离子表面活性剂的吸附量比油脂类要大。

理想的护发素应具有如下功能。

（1）改善发质，使头发不易缠绕、打结。

（2）具有抗静电作用。

（3）能赋予头发光泽。

（4）能在头发表面形成保护膜，增强头发的立体感。

目前护发素品种繁多，有针对中性发质、油性发质、干性发质的。也可根据功能分为单一型、养护合一型，还有复合型即集营养、护发和固发三合一的护发素等。

二、护发素的基本成分及性质

1．阳离子表面活性剂

主要是带有氨基基团的季铵盐，通常有氯化烷基三甲基铵、氯化二烷基二甲基铵及氯化烷基二甲基苄基铵三种。它们能轻易吸附在头发上，形成薄膜。

2．护发素的辅助成分

包括阳离子调理剂、增稠剂、润发油脂、螯合剂、香精、着色剂、防腐剂等。

阳离子调理剂可对头发起到柔软、抗静电、保湿和调理作用。增稠剂和润发油脂能够补充洗发或美发后头发油分的不足，改善头发营养状况，提高头发的易梳理性、柔润性和光泽感，且能对产品起到增稠的作用，提高护发素的易涂抹性能。

3．特殊添加剂

考虑护发素的多效性，可在配方中加入一些特殊效果的添加剂，如啤酒花、薏仁提取物、杏仁油，以增强产品的护发、养发、美发效果。

任务实施

观察护发素的使用效果

1．用品

洗发液、护发素、发胶、洗发工位、公仔头、毛巾、梳子。

2．步骤

（1）将公仔头的头发分成A、B两区，在两区中分别取一片发片。

（2）用梳子把A、B两区的发片倒梳打毛，做简单造型，并喷发胶定型。

（3）用洗发液涂抹公仔头A区的发片，揉搓片刻，用清水冲洗干净，观察洗后头发的状态。用梳子梳理头发。

（4）取适量护发素涂抹在B区的发片上，揉搓片刻，用清水冲洗干净，观察洗后头发的状态。用梳子梳理头发。

（5）头发干燥后，用梳子分别梳理A、B两区的头发，观察是否会起静电。

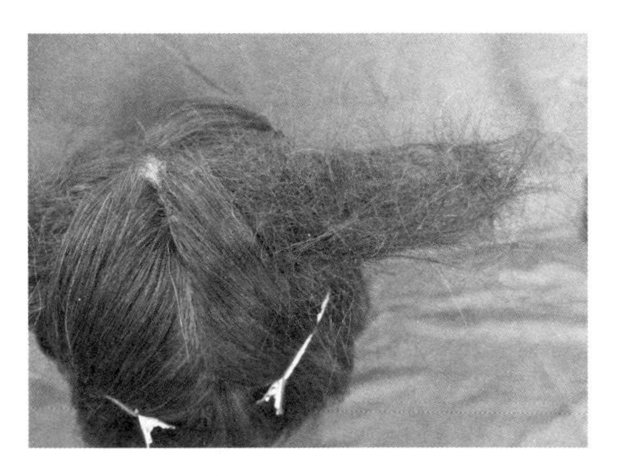

▲ A、B两区的发片倒梳打毛造型

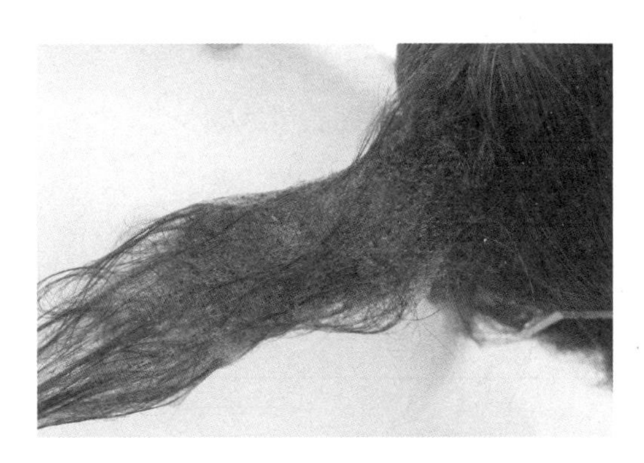

▲ 用洗发液洗A区发片

▲ 用洗发液洗A区发片后效果

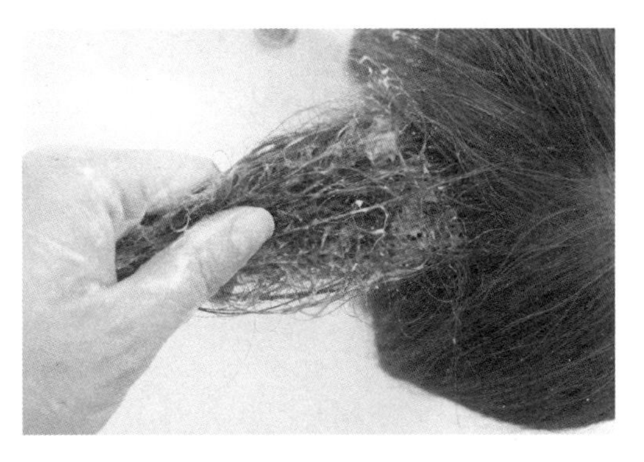

▲ 用护发素护理B区发片

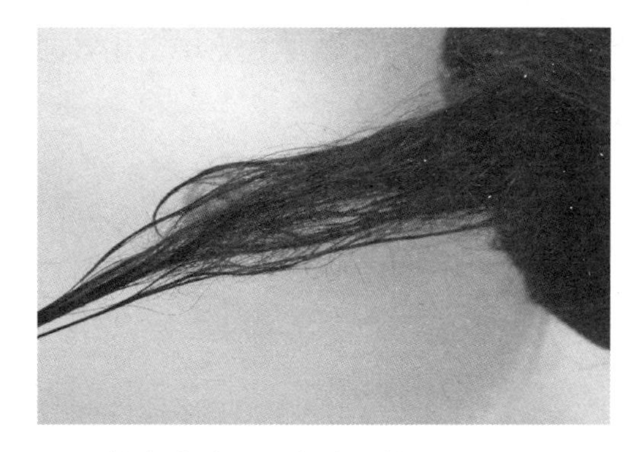

▲ 用护发素洗B区发片后效果

3．观察记录并思考

（1）分别使用洗发液、护发素后，观察头发的状态是否相同。

（2）用梳子梳理公仔头A、B区的头发时，顺滑感是否相同。

（3）头发干燥后，用梳子梳理公仔头A、B区的头发时，是否易起静电。

（4）为什么用了护发素的头发易于梳理、不易起静电？

（5）与同学交流一下你平时是否使用护发素，使用护发素有什么感受。

任务总结

护发素的主要原料是阳离子表面活性剂，护发素可以使得头发易于梳理、抗静电、柔软、有弹性，有些护发素还加入了特殊添加剂使其具有多效性。

任务拓展

试着分析一下护发素中各种成分的作用。

[护发素配方]

氯化硬脂酰二甲基苄铵
硬脂醇
单硬脂酸甘油酯
氯化钠
防腐剂
色素
香精
去离子水

习题

1. 护发素的主要原料是______，它们通常带______电荷。(填空)
2. 下列原料中，不是护发素配方中常用表面活性剂的是______。(多选)

   A. 氯化烷基三甲基铵　　B. 氯化烷基二甲基苄基铵

   C. 十二烷基硫酸钠　　D. 氯化二烷基二甲基铵

任务三 其他护发用品

小丽的小姨是演员，需要经常参加演出活动，这一年来为了改变造型，频繁烫发和染发。最近，小姨发现自己的头发变得枯黄且分叉严重，来找小丽帮忙出主意。

任务目标

1．了解其他护发用品的基本组成成分。

2．理解各种特色添加剂的护理功效。

3．针对不同个体选择适合的护发用品。

4．有实事求是的精神，了解我国古代劳动人民使用的天然护发用品，形成民族自信心和文化认同感。

知识准备

一、其他护发用品概述

1．发油

发油是人类很早就使用的护发用品，相传，我国妇女很早就使用茶籽油等天然油脂护理头发。古典文学作品中经常提到爱美的姑娘们使用桂花油来梳理秀发。发油主要的作用是恢复洗发后头发失去的光泽和柔软性，并防止头皮过分干燥、头发开叉，使头发易于梳理。通常适用于干性发质。

发油中的主要成分“油分”可分为3类：植物性、矿物性、合成酯类及二甲基硅氧烷。从保护头发的角度来看，植物性发油容易清洗，但长期放置易氧化酸败。从渗透的角度来说，矿物性发油比较好而且性质比较稳定，成本也较低，但是不易清洗。合成酯类及二甲基硅氧烷发油，具有上述两者的优点，可以按照需要进行配制。

2．发乳

发乳是油和水形成的乳化体，分为油包水型（W/O）和水包油型（O/W）两种。把发乳涂抹于头发表面后，水分被吸收或蒸发后，留下的油分包围头发，起到滋润作用的同时还能起到适度定型的作用。

O/W型发乳是适合油性发质的轻油性护发用品。使用时无油腻感，易于洗发，具有适度的定型效果和柔软性。发乳的功能取决于油相成分的选择，它能影响发乳的调理性。

W/O型发乳是适合干性发质的重油性护发用品。与O/W型发乳相比，更有油性感，赋予头发光泽，定型力较强。

3．焗油膏

简单的洗发和护发用品无法从深层修护改变发质，而定期焗油可以弥补头发的营养不足，将丰富的营养和水分输入头发内层，给头发补充油脂，修复烫染后受损的发质，使其具有光泽和弹性，柔顺自然且无油腻感，对干性发质特别有效。焗油膏由一些油脂组成，涂抹后通过蒸汽加温使油质和营养渗入头发，成为发质深层护理的关键。头发焗油调理作用较强，常在发廊里进行。

二、其他护发用品的基本成分及性质

（一）发油的基本成分及性质

发油是一种重油型护发产品，不含乙醇和水。它的配方组成包括油分（主要为植物油、矿物油、合成酯类及二甲基硅氧烷）、抗氧化剂、油溶性着色剂、防腐剂、营养成分、油溶性香精和溶剂。发油的配制简单且方便。

1．植物性油分

主要有蓖麻油、杏仁油、棉籽油、椿油、橄榄油、茶籽油等。可单独使用或相互配合使用。

（1）蓖麻油：是蓖麻种子经压榨制得的油脂，是无色或淡黄色的透明黏性油状液体，主要成分为蓖麻酸酯。蓖麻油比其他油脂亲水性好，对皮肤的渗透性与其他植物油相似，比矿物油好，但比羊毛脂差，对皮肤无害。由于其相对密度大，黏度高，凝固点低，以及它的黏度和软硬度受温度的影响很小，故很适宜作为护发用品的原料。可作为口红的主要基质，可使口红外观更鲜艳，也可应用于发膏、发蜡条、透明香皂、烫发水和指甲油等。蓖麻油的主要缺点是其具有令人不愉快的特殊气味，但精练蓖麻油可消除这一缺点。

（2）杏仁油：又称甜杏仁油，取自甜杏仁的干果仁，具有特殊的芬芳气味，是无色或淡黄色透明油状液体。杏仁油的主要成分为油酸酯。它有润肤作用，对皮肤无害。其性能与橄榄油极其相似，常作为橄榄油的替代品。还可作为按摩油、润肤油等产品的油性成分。

（3）棉籽油：是由棉花种子经压榨、萃取精制得到的半干性油脂，是淡黄色或黄色油状液体，精制的棉籽油几乎无味。它有润肤作用，对皮肤无害。精制的棉籽油可代替杏仁油和橄榄油应用于护发用品中。还可作为制作香脂、香皂等的原料。由于它含有较多的不饱和脂肪酸，很容易氧化变质，所以在化妆品中的应用受到了一定的限制。

2．矿物性油分

是以C_{16}—C_{20}碳氢化合物如液体石蜡、脱臭煤油为其主要原料。由于长期使用矿物油比较容易污染头发，所以，现今很少单独使用。它在配方中主要起稀释剂的作用。

3．合成酯类及二甲基硅氧烷

主要包括油醇、肉豆蔻酸异丙酯、棕榈酸异丙酯等。

实际生产中可单纯选用植物性油分或矿物性油分，也可根据需要配制功效型发油。在配方中适量添加羊毛脂、维生素E等物质，可以促进头发对营养物质的吸收，使头发更加柔顺而有光泽。

（二）发乳的基本成分及性质

配方组成与一般乳液相近，主要由油性成分、乳化剂、水、香精和防腐剂等组成。

1．油性成分

以液体石蜡为主体，可以适量加入羊毛脂、凡士林、高级醇及各种固态蜡等，以提高发乳的黏度，增加乳化体的稳定性，对头发的润泽度和修饰性有很大帮助。

2．乳化剂

以脂肪酸的三乙醇胺皂最为常用。为了给头发补充营养和修复受损发质，还可以在发乳的配方中加入部分何首乌、人参、当归等药用植物提取液，制成去屑、止痒、防脱发等功能的药用性发乳。

（三）焗油膏的基本成分及性质

主要成分为头发滋润剂、头发调理剂及赋形剂、助渗剂等。

1．头发滋润剂

常采用高档的动、植物油脂及其衍生物等，如貂油、蛋白质。

2．调理剂

可以选用季铵盐或阳离子纤维素等。

任务实施

比较发油、发乳、焗油膏的使用效果

1．用品

公仔头、肥皂、过氧化氢、水、发油、发乳、焗油膏、洗发工位、毛巾、小刷子、烧杯。

2．步骤

（1）将公仔头的头发分成A、B、C三个区。

（2）在A区取一些头发，用肥皂反复洗涤，干燥后在其表面涂抹发油，体会、观察涂抹发油前后头发的变化。

（3）在B区取一些头发，用肥皂反复洗涤，干燥后在其表面涂抹发乳，体会、观察涂抹发乳前后头发的变化。

（4）在C区取一些头发，用肥皂反复洗涤后涂抹过氧化氢，一段时间后洗去，干燥后在头发表面涂抹焗油膏，加热一段时间，体会、观察使用焗油膏前后头发的变化。

3．观察记录并思考

（1）试填写下表。

头发表现	肥皂洗后	过氧化氢浸泡后	使用发油	使用发乳	使用焗油膏
光泽度					
易梳理性					
油腻感					

（2）发油、发乳、焗油膏三种护发用品各有什么样的使用效果，为什么？

（3）与同学分享你使用过的护发用品有哪些，使用后的感受是什么？

任务总结

1．护发用品的功能在于促进头皮的血液循环，增加发根的营养，恢复受损头发的功能，同时具有防止脱发、去屑止痒等效果。

2．常用的护发用品有护发水、发油、发乳及焗油膏等。

任务拓展

学习几种护发用品的配方，试着分析一下各种成分的作用。

[发乳配方]

液体石蜡
蜂蜡
硬脂酸
三乙醇胺
甘油
防腐剂
色素
香精
去离子水

[焗油膏配方]

硬脂酸异十六酯
三辛酸甘油酯
环甲基聚硅氧烷
貂油
防腐剂
色素
香精
去离子水

模块总结

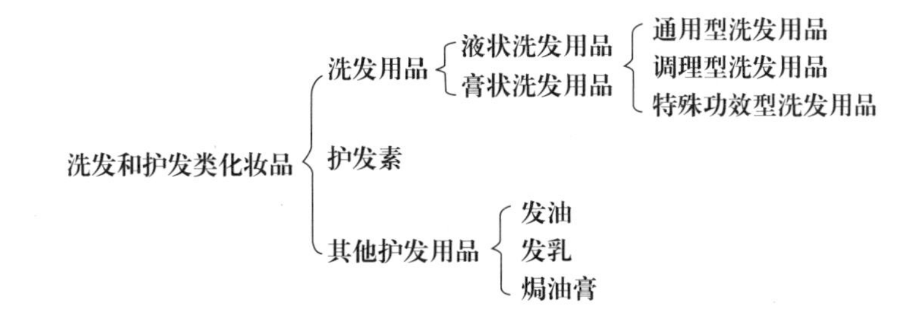

模块检测

1. 洗发液和护发素分别用了哪种表面活性剂，使它们具有了不同的功能和效果？
2. 护发用品有哪些功能？主要是由哪些原料组成的？

模块六

饰发类化妆品

干净、健康、整洁的头发是美的基础，也是基础的美。随着人们生活水平的不断提高，人们对美的追求不再停留在基础阶段，开始追求变化、追求与众不同，通过改变发色、发式、发型来满足各式各样的需求。据说古埃及人曾把河泥抹在头发上，待泥干了再把泥除去，就是为了得到自己满意的发型。现在的我们有神奇的饰发类化妆品，它能改变或辅助塑造头发形象，能保持发型、增强头发美感。饰发类化妆品有改变头发形状的烫发用品，有调整头发颜色的染发用品，还有保持头发形状的定型用品等。

模块学习目标

1. 了解溶液的pH、会使用pH试纸测溶液的pH。
2. 了解各类饰发类化妆品的基本成分。
3. 了解毛发的结构。
4. 理解烫发、染发原理。
5. 理解各类饰发类化妆品中使用的特定成分的作用。
6. 形成正确的审美观，有实事求是的精神和科学严谨的态度，有探究精神，尊重生命、有安全意识。
7. 了解我国古代劳动人民使用的天然饰发类化妆品，形成民族自信心和文化认同感。

任务一　烫发用品

上周末小美见小姨的时候，她的发型还是长长的大波浪形，这周再见小姨时，发型变成了“黑长直”。小姨的头发经历了什么才会发生这样的变化?

任务目标

1．了解溶液的pH、会使用pH试纸测溶液的pH。

2．了解烫发用品的基本成分。

3．了解毛发的结构。

4．理解烫发原理。

5．形成正确的审美观，有实事求是的精神和科学严谨的态度，有探究精神，能理论联系实际。

知识准备

一、烫发用品概述

烫发能增加美感，通过改变头发的形状和走向，来满足人们的审美需求。早期主要是利用物理原理如火钳烫发，现在已很少使用了。现在用得最多的是化学烫发，也就是利用化学试剂使头发的结构发生变化而达到卷发的目的。

20世纪30年代出现了利用冷烫卷发剂卷发的冷烫技术。头发主要由角蛋白构成，是由多种化学键组成的网状结构。头发的卷曲形状主要由胱氨酸中的二硫键决定。要想使直发变卷曲，需要切断二硫键。冷烫技术所用的冷烫卷发剂中的还原剂如巯基乙酸盐及其酯类，可以使头发中的二硫键断裂，形成两个半胱氨酸。此时，毛发会显得很柔软，并可在卷发杠的作用下随意成型。成型后的头发遇到含氧化剂的定型液后，断裂的二硫键在新的位置上重新生成，使卷发后的发型固定下来，从而达到烫发效果。这种方法具有脱发少、发质可以保持光泽、卷发保持时间长和卷曲自然的特点。但冷烫卷发剂中的一些成分（如氨等碱性物质）对头发和皮肤的损害较大，易使头发断裂、变色，甚至脱落。

使用热烫卷发剂的称为热烫（电烫）技术，是通过物理作用使头发的细胞结构重新组合，用氨水涂抹头发，然后卷曲上夹，通电加热，通过电流的热能和烫发药水的化学作用，使头发结构发生变化，从而卷曲。热烫技术的优点是可以减少化学药剂对头发和头皮的伤害，卷曲牢固、持久、可塑性强，对油性头发比较适合，烫后可以起到收敛和减油脂的作用。

二、溶液的pH和酸碱性

关注pH在化妆品的配制与使用中有十分重要的作用。人的皮肤呈弱酸性，pH为4.5～6.5。一般护肤化妆品为弱酸性，以保持皮肤的酸碱平衡。肥皂是碱性或弱碱性的，可以起到去除油污的作用，但经常使用肥皂会损伤皮肤，需要使用护手霜或营养霜以保护皮肤。

1．强电解质和弱电解质

在溶液或熔融状态下能导电的化合物为电解质。酸、碱、盐类都是电解质。强酸、强碱和大部分盐是强电解质，它们在水溶液中全部电离成离子。强酸如盐酸、硫酸、硝酸，强碱如氢氧化钠、氢氧化钾，盐类如氯化钠、硝酸钾。弱酸、弱碱和水都是弱电解质，它们在水溶液中部分电离成离子。弱酸如碳酸、醋酸，弱碱如氨水。

2．水的电离

电解质溶液的酸碱性与水的电离有密切的关系。水是一种极弱的电解质，它能微弱地电离出H^+和OH^-。一般分别用$c(H^+)$、$c(OH^-)$表示水中的氢离子的物质的量浓度和氢氧根离子的物质的量浓度。在一定温度下，$c(H^+)$和$c(OH^-)$的乘积是一个常数即$c(H^+) \cdot c(OH^-) = K_W$。

K_W称为水的离子积常数，简称水的离子积。在25℃的时候K_W等于1×10^{-14}。

3．溶液的酸碱性

可用pH表示，化学上常采用H^+物质的量浓度的负对数来表示溶液酸碱性的强弱，叫作溶液的pH。即$pH = -\lg c(H^+)$。

不管是碱性溶液还是酸性溶液，H^+和OH^-总是共存的。在常温下：

酸性溶液$c(H^+) > c(OH^-)$，$c(H^+) > 1 \times 10^{-7}$mol/L，$pH < 7$

中性溶液$c(H^+) = c(OH^-)$，$c(H^+) = 1 \times 10^{-7}$mol/L，$pH = 7$

碱性溶液$c(H^+) < c(OH^-)$，$c(H^+) < 1 \times 10^{-7}$mol/L，$pH > 7$

pH越小，溶液的酸性越强；反之，pH越大，溶液的碱性越强。

4．溶液酸碱性的测定

pH的测定在化妆品的生产和使用上是很重要的。化妆品的pH控制不当，不仅不会保护皮肤和头发，反而会对其造成伤害。

测定溶液pH比较简便的方法是用pH试纸。这种试纸是由多种指示剂的混合溶液浸制而成。把待测液滴在试纸上，试纸显示的颜色通过与标准比色卡相比，就可以知道该溶液的pH。精确测定溶液pH的方法是用pH计。

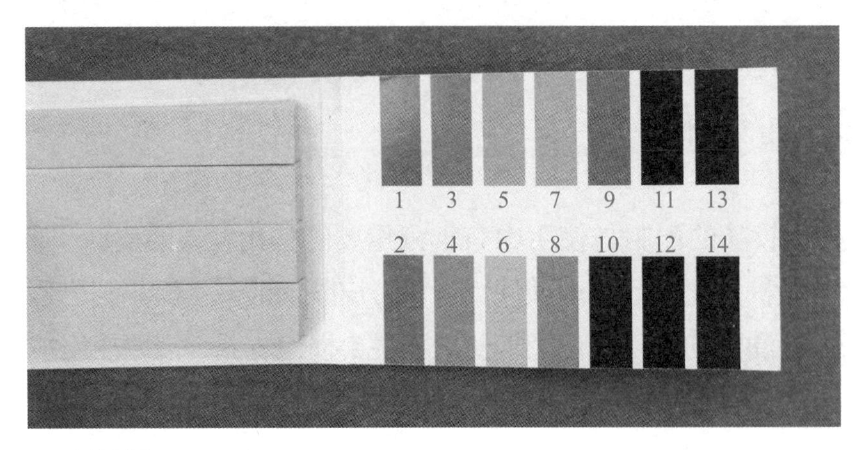

▲ pH试纸

三、烫发用品基本成分的性质

冷烫技术使用的卷发剂由烫发剂和定型剂两剂组成，分别包装。

1．烫发剂的主要原料

（1）巯基乙酸的铵盐和钠盐。白色粉末状结晶，有时略显浅粉色，有潮解性，易溶于水，微溶于醇，需要避光密闭保存。主要用于卷发，在反应中作还原剂，促使毛发中二硫键发生断裂。巯基乙酸的钙盐还可作脱毛剂，用于美容、临床手术前的脱毛。

（2）碳酸氢铵。白色晶体，无毒，有氨臭味，能溶于水，不溶于乙醇。碳酸氢铵的化学性质不稳定，受热易分解。加热到大约60℃时，可以分解为氨、二氧化碳和水。在常压下有潮气存在时，36℃以上就开始缓慢分解，生成氨、二氧化碳和水。在空气中易风化。碳酸氢氨的水溶液呈碱性，用于调节烫发剂的pH，以增强还原剂的还原效应。

（3）乙醇胺。软化剂，可使头发软化膨胀，有利于烫发剂中的其他成分渗透至发质内部。

（4）滋润剂。如羊毛脂醇聚氧乙烯醚，可使烫过的头发不至于过度受损。

（5）调理剂。如EDTA，可改善头发的光泽度和柔韧性。

（6）乳化剂、增稠剂等。用于膏霜及乳液的配制。

2．定型剂的主要原料

（1）溴酸钠。氧化剂，作用是复原被还原剂打断的二硫键，使卷曲后的头发定型。

（2）磷酸二氢钠。其水溶液呈酸性，用于调节定型液的pH，有利于氧化反应的进行。

（3）调理剂。用于改善头发的光泽度和柔韧性，并有利于头发的保湿。

在定型液中同样需要加入一些增稠剂、香精、色素等，以增强定型剂的物理性能。

任务实施

观察烫发剂的烫发效果

1．用品

一些发束、烫发剂、定型剂、水、碳酸氢铵溶液、pH试纸、小刷子、烧杯、尺子

2．步骤

（1）用水喷湿发束；

（2）取A、B、C三束发束，分别卷在发卷上，在其表面涂抹烫发剂。

（3）将A、C发束常温放置15分钟；取一试管放入B发束，将此试管置于盛有90℃水的烧杯里，保持15分钟。用清水分别清洗A、B、C发束头发。

（4）在A、B发束头发表面涂抹定型剂，C发束不涂抹。

（5）观察A、B、C三发束头发的不同。

（6）用pH试纸测碳酸氢铵溶液的酸碱性。

3．观察记录并思考

（1）头发涂抹烫发剂后，加热与不加热有哪些区别？为什么？

（2）涂抹定型剂与不涂抹定型剂的头发，在烫发过程结束后有什么不同？为什么？

（3）pH试纸的颜色有什么变化？判断碳酸氢铵溶液的酸碱性。

（4）加热时间长短对头发有什么影响？

（5）“小姨”的头发为什么会出现分叉变黄的情况？

任务总结

1．pH的测定与化妆品的生产与使用关系密切。水是弱电解质，微弱地电离。常温下：pH＜7时溶液呈酸性，pH＝7时溶液呈中性，pH＜7时溶液呈碱性。测定溶液pH可以使用pH试纸或pH计。

2．烫发用品的基本成分：烫发剂，为还原剂，使毛发的化学键断开；定型剂，为氧化剂，使毛发的化学键重新结合，起定型作用。使用化学试剂使头发中的一些化学键如二硫键发生断裂，从而易于塑造、改变头发形状。冷烫需要烫发剂和定型剂共同作用。

任务拓展

试着分析以下各种原料的作用。

[常用烫发剂配方]

成分	含量/%
巯基乙酸	5
碳酸氢铵	7
乙醇胺	2
羊毛酯聚氧乙烯醚	1
EDTA	适量
防腐剂、香料、色素	适量
去离子水	余量

[常用定型剂配方]

成分	含量/%
溴酸钠	5
磷酸二氢钠	3
防腐剂、色素、香精	适量
去离子水	余量

知识链接

毛发的结构与功能

毛发是皮肤的附属器官，除手掌、脚掌外遍布全身。分布于头部的毛发称为头发。毛发由毛根、毛乳头和毛干三部分组成。毛根和毛乳头位于表皮内的毛囊中，毛发生长所需营养由毛乳头提供。毛干由角蛋白组成，毛干在生长过程中，在离开表皮一段距离之后才会完全变硬，所以发用化妆品会在距离表皮近的头发上发挥更大的作用。

从毛干剖面图来看，每根头发由外至内可以分成三层：表皮层、皮质层和髓质层。

表皮层由呈鱼鳞状排列的无核透明细胞组成，赋予头发光泽，有防水功能，可以阻止水或药剂（烫发剂和染发剂等）向毛发内部渗透，表皮层容易被酸性或碱性物质破坏。若过度烫发或反复染发，可使表皮层受损，导致毛发内部的皮质层外露，是毛发干燥无光泽的原因之一。

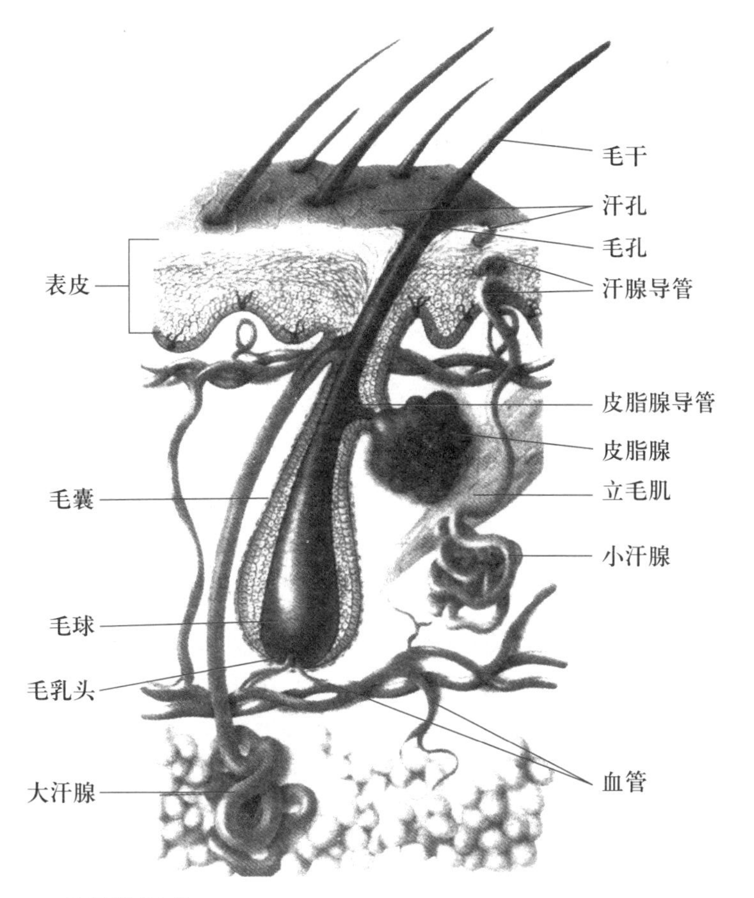

▲ 毛发的组成

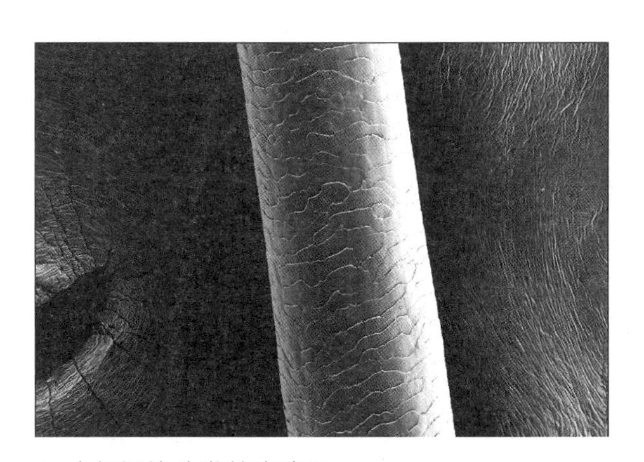
▲ 未经烫染头发的表皮层

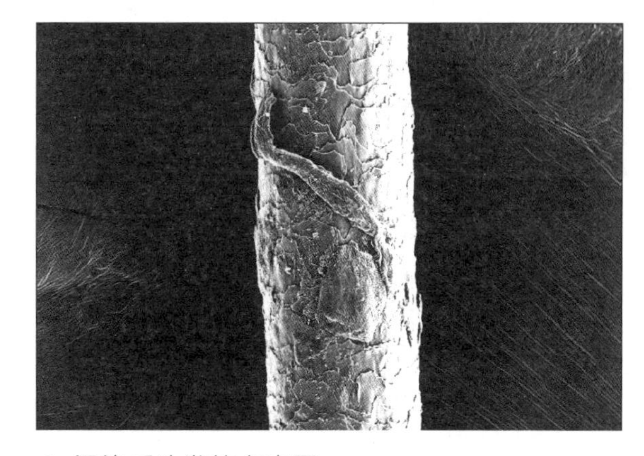
▲ 烫染后头发的表皮层

皮质层是毛发的主要组成部分。决定了头发的颜色、韧性、弹性、粗细。

毛发由角蛋白构成，含有碳、氢、氧、氮和少量的硫元素（大约4%）。硫元素是烫发和染发的基础。组成角蛋白的多肽链，通过范德华力、肽键、离子键、氢键以及二硫键连接。范德华力作用很小，常忽略不计。

强酸或强碱可使肽键断裂。

离子键遇到酸溶液或碱溶液会断裂，待头发干燥失水后可以恢复。

氢键可以延展，但作用力较弱，在水中就可以断裂，干燥后，被破坏的氢键也会恢复。因此，在染发、烫发之前，须将毛发润湿，才能达到预期的效果。

二硫键是美发产品作用的化学基础，染发、烫发等用品都要和二硫键发生作用。二硫键非常坚固，只有通过化学变化才能被打开。烫发就是利用化学方法使二硫键断裂，然后再有序地重新排列二硫键，从而使头发的形状发生改变。

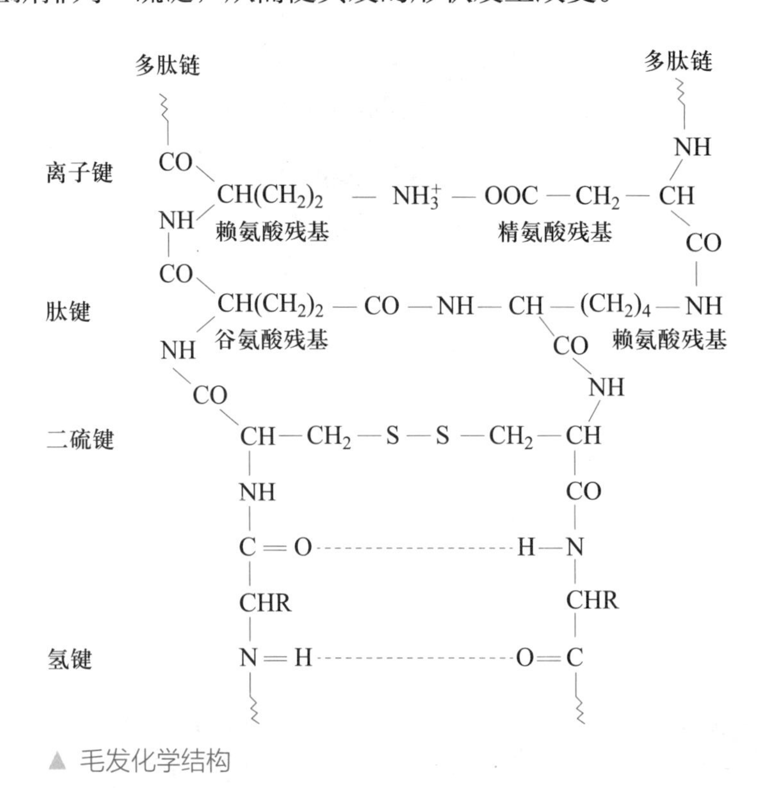

▲ 毛发化学结构

习题

1. 在冷烫技术中所用的还原剂是______。(单选)

   A. 巯基乙酸盐　　B. 羊毛脂　　C. 聚氧乙烯醚　　D. EDTA

2. 冷烫技术中所用的还原剂的作用是使头发中的______断裂。(单选)

   A. 氢键　　B. 离子键　　C. 肽键　　D. 二硫键

3. 人的皮肤的pH为______。(单选)

   A. 1 ~ 3　　B. 4.5 ~ 6.5　　C. 8 ~ 10　　D. 7

4. 碳酸氢铵溶液呈______。(单选)

   A. 酸性　　B. 中性　　C. 碱性　　D. 其他

5. 毛发的化学组成是什么?

6. 在下图中标出范德华力、肽键、氢键、盐键和二硫键。(填图)

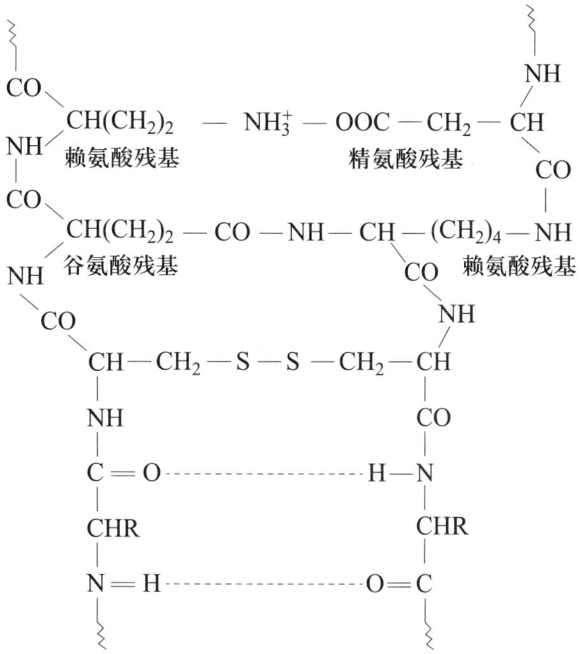

NH

CO

$CH(CH_2)_2$ — NH_3^+ — OOC — CH_2 — CH

NH 赖氨酸残基 精氨酸残基 CO

CO NH

$CH(CH_2)_2$ — CO — NH — CH — $(CH_2)_4$ — NH

NH 谷氨酸残基 CO 赖氨酸残基

CO NH

CH — CH_2 — S — S — CH_2 — CH

NH CO

C ═ O ············ H — N

CHR CHR

N ═ H ············ O ═ C

任务二　染发用品

小美和同学们要去敬老院慰问演出。根据角色的需要，小美要把头发染成黄色，她应该选用什么样的染发剂呢？

任务目标

1．了解染发用品的基本成分。

2．理解不同染发产品的染发原理。

3．形成正确的审美观，有实事求是的精神和科学严谨的态度，有探究精神，尊重生命、有安全意识，能理论联系实际。

4．了解我国古代劳动人民使用的染发用品，形成民族自信心和文化认同感。

知识准备

一、染发用品概述

染发用品用于满足白发的染黑或其他色泽的漂染，包括永久性、半永久性和暂时性染发用品。

永久性染发用品是使用最多的染发用品，主要成分是染料中间体、氧化剂。染发原理是染料中间体和氧化剂渗透入毛发组织后，染料中间体被氧化剂氧化而使毛发染色，其中的氧化剂还有使头发颜色变淡、变浅的作用。氧化剂和染料中间体的种类、用量不同，会产生不同色调的染发效果，因而可根据其用量的多少及反应程度的不等，控制头发的漂染颜色。永久性染发剂染色效果好，色调变化范围广，持续时间长，是目前染发用品的主导产品。其缺点是容易损伤头发，不易掌握染色深浅及均匀度。永久性染发用品通常配制成二剂型。

暂时性染发用品的主要成分为颜料和黏结剂。染发原理是将颜料直接喷涂于头发表面，将头发染成所需要的颜色。暂时性染发用品的优点是安全高效，便于各种场合使用；缺点是色泽牢度差，持续时间短，更适用于特殊造型的需要。

半永久性染发用品性质和作用介于永久性和暂时性染发用品之间。

一般来说，染发安全的、质量好的染发用品应具有如下性能。

（1）安全性高，对眼睛、头皮刺激性小。

（2）染色牢固，不会因空气、日照和摩擦等因素造成褪色。

（3）对其他发用化妆品稳定，如头发定型剂、洗发液、护发素，不会影响彼此之间的效果。

（4）能赋予头发各种色彩，但不会使头皮染色。

（5）使用方便，易于分散涂布，染发时间短。

二、永久性染发用品的基本成分及化学性质

1．过氧化氢

是最常用的氧化剂，可使头发中的黑色素氧化而破坏头发颜色，生成一种无色的物质，利用这个氧化反应可以使头发脱色。氧化程度不同，头发呈现不同的颜色，氧化程度越大，头发的颜色越浅。头发漂白脱色后，就可以用染料将头发染成所喜爱的颜色。氧化剂的另一个作用是让染料中间体发生氧化作用从而形成大分子染料，吸附于头发内部从而改变其颜色。

2．氨水

大多数氧化型染发剂的pH为8.5～10.5。染发剂需要较高的碱性的主要原因有两方面：首先是染料中间体氧化反应必须在较强碱性的条件下进行，其次是在碱性条件下，特别是使用氨水，会使头发溶胀和软化，这有利于染料中间体等成分往发干内部扩散，可在较短的时间内达到染色效果。

3．对苯二胺、邻苯二胺及其衍生物

是染发用品中的染料中间体，为低黏度、易流动的小分子，可以移动到头发的皮质层中。这些小分子的两端的基团比较活泼，一端的—NH_2与头发角蛋白相互作用，另一端通过氧化剂与偶合剂反应，反应过程中生成的有色染料大分子能吸附在头发上，使头发染色。不同的pH条件下，其与氧化剂如过氧化氢混合时会形成不同的颜色，从而改变头发的颜色。

4．基质原料

主要有脂肪酸皂类、增稠剂、表面活性剂、匀染剂、调理剂、助渗剂、抑制剂、抗氧化剂及螯合剂。

5．氧化剂基质

主要有氧化剂、乳化剂、稳定剂、螯合剂、酸度调节剂、去离子水等。

任务实施

试用不同类型的染发用品

1．用品

头发束、永久性染发用品、暂时性染发用品、过氧化氢、氨水、烧杯、小刷子、水。

2．步骤

（1）取A、B、C、D四束发束，分别置于A、B、C、D 4个烧杯中。再将A烧杯中加入水、B烧杯中加入过氧化氢、C烧杯中加入氨水、D烧杯中加入过氧化氢和氨水。一段时间后观察4个烧杯中的发束的变化。

（2）取发束E涂抹暂时性染发用品，取发束F、G涂抹永久性染发用品，观察三束发束的变化。

（3）取发束F加热，一段时间后观察发束F、G的不同。

（4）取发束E、F用水清洗后，观察两束发束的颜色改变。

3．观察记录并思考

（1）A、B、C、D 4个烧杯中的头发各有什么变化?

（2）涂抹暂时性染发用品的头发，有什么变化?

（3）涂抹永久性染发用品的头发，有什么变化?

（4）用水清洗后，两束头发的颜色有哪些改变?

（5）过氧化氢、氨水对头发有哪些作用?

（6）暂时性染发用品和永久性染发用品有什么区别？你觉得小美应该选用哪种染发用品?

（7）谈谈生活中哪些人群会使用染发用品，他们应该怎样挑选染发用品?

任务总结

暂时性染发用品和永久性染发用品的染色原理不同，使用效果不同。暂时性染发用品主要原料为颜料和黏结剂，把颜料黏结于头发表面，改变发色。永久性染发用品的染发原理：染料中间体和氧化剂渗透入头发内，染料中间体被氧化剂氧化使头发染色，时间相对持久。

任务拓展

试着分析以下各种原料的作用。

[染发剂 I 剂常用配方]

成分	含量/%
氧化染料	适量
油酸	20
聚氧乙烯油醇醚	15
异丙醇	10
氨水	10
2,4-二氨基甲氧基苯	1.0
间苯二酚	0.2
防腐剂、色素、香精	适量
去离子水	余量

其中，染料中间体常选用对苯二胺，用量根据颜色由浅至深可以使用0.08%～2.5%。

[染发剂Ⅱ剂常用配方]

成分	含量/%
过氧化氢	12
稳定剂	2
去离子水	余量

习题

1. 日常使用的染发用品可以分成几类?
2. 下列物质中，______是永久性染发用品的主要原料。(多选)

   A.过氧化氢　　B.氯化钠　　C.对苯二胺　　D.盐酸

任务三　定型用品

小丽和同学们去敬老院演出。老师为小丽盘好头发之后，喷了一些喷雾剂，她的头发就像被施了魔法，听话地待在原位置。用手摸摸，头发表面好像有一层硬壳，还有点黏。老师在小丽头发表面喷的是什么？

任务目标

1．了解定型用品的基本成分。

2．了解定型用品的使用效果。

3．形成正确的审美观，有实事求是的精神和科学严谨的态度，有探究精神，尊重生命、有安全意识，能理论联系实际。

知识准备

一、定型用品概述

20世纪40年代初出现了第一种由天然黏性材料和醇溶液组成的定型液。开始时主要使用黄原胶等天然胶质原料。为适应人们对定型用品使用方便、容易梳理、能快干、具有耐湿性能和可清洗性等要求，经过了多年的发展，现在的定型用品主要使用合成聚合物为主要原料。

常用的定型用品有喷发胶和定型泡沫两类。其功效是将造型后的头发定型，并保持一段时间。

喷发胶属于气溶胶型化妆品，制作时将有效成分与溶剂一起装在带有阀门的耐压容器中。使用时喷发胶呈雾状均匀地喷洒在头发上，在每根头发表面形成一层聚合物薄膜，将头发黏合在一起；当溶剂挥发后，聚合物薄膜具有一定的韧性，使头发牢固地保持设定的发型。

定型泡沫是一种方便使用的定剂用品。使用时一些黏度不大的聚合物呈泡沫状从容器中喷出，涂于头发后，分散覆盖在头发的表面，起到固定发型的作用。

二、定型用品的主要原料和化学性质

成膜剂是起定型作用的主要原料，属于胶质原料。

胶质原料是化妆品体系中起稳定作用的重要成分，广泛应用在各种膏、霜、乳液、精华面膜、洗发水、沐浴露、洁面乳、粉类等化妆品中。胶质原料的成分主要是水溶性高分子化合物，结构中含有羟基、羧基、酰胺基、氨基或醚基等亲水性官能团，在水中能溶解或膨胀为黏稠液体或胶状，具有不同程度的触变性。

胶质原料在不同化妆品中的具体作用是不同的。例如，在发用定型产品中有成膜、定型作用；在膏霜、乳液中起到增稠稳定的作用，还可以降低温度变化对黏度变化的影响；在洗发水、沐浴露等产品中有增稠、稳定、改善泡沫等作用；在粉类产品中有黏合成型作用；在透明凝胶状或胶状产品中起到胶凝剂、增稠等作用。

常用的胶质原料有聚乙烯醇、聚乙烯吡咯烷酮、聚乙烯甲基醚及其衍生物等。用于化妆品中的胶质原料应符合国家化妆品相关法律法规的要求，特别是安全性和稳定性。按照来源进行分类，胶质成分主要分为天然、半合成、合成和无机四大类。

三、定型用品的基本成分及性质

定型用品的基本成分包括成膜剂、溶剂、增塑剂、中和剂等。

1．聚乙烯醇

属于胶质原料，为成膜剂。

2．乙醇或去离子水

是常用的溶剂，起溶解成膜剂的作用。其中乙醇对高分子化合物有较好的溶解性，并且在喷射后又较易挥发，因此在制作时常作为首选溶剂。

3．乙二酸二异丙酯

是增塑剂，可以增加定型膜的柔韧性，使用后的头发光滑、柔软而富有弹性。常用的增塑剂还有二甲基硅氧烷、高级醇乳酸酯等。

4．三乙醇胺

是中和剂，作用是使酸性聚合物形成羧酸盐，以调整产品的特性，获得最佳使用效果，如水中的溶解性等。常用的中和剂还有三异丙醇胺等。

5．山梨醇聚氧乙烯醚类

是非离子型表面活性剂。制作泡沫型定型用品时需添加此类物质作为发泡剂。常用的还有脂肪醇聚氧乙烯醚类。

6．喷射剂

一般使用液化气体或高压气体，压缩气体喷射剂在气溶胶容器内以气体状态直接存在于原液的上部，喷射时起推动作用。氟利昂曾是经常被使用的液态喷射剂，其化学性质稳定，毒性低，不易燃烧，但会破坏臭氧层而引起环境污染，所以现在已禁止使用。

常用的气体有氮气、二氧化碳及氦气等，其性质都不活泼。使用这些气体，对原液要求不高，但对容器阀门和按钮有特殊要求。

7．护发剂

是高档定型产品中调理头发的添加剂，常用的有硅油、羊毛脂等。

任务实施

比较喷发胶与定型泡沫的定型效果

1．用品

公仔头、定型泡沫、喷发胶、水、发卷、吹风机。

2．步骤

（1）将公仔头的头发分成A、B、C三区。在三区分别取一片发片，用水打湿。将发片分别卷在发卷上，用吹风机吹干。

（2）吹干后取下发卷，在A区均匀涂抹定型泡沫，观察头发的状态，体会一下头发的黏性。

（3）在B区头发上均匀喷涂喷发胶，观察头发的状态，体会一下头发的黏性，描述A、B两区头发的不同。

（4）在C区头发上不喷涂任何定型用品，观察头发的状态，描述C区与A、B二区头发的不同。

3．观察记录并思考

（1）涂抹定型泡沫后A区的头发的状态和黏性有什么变化?

（2）涂抹喷发胶后B区的头发的状态和黏性有什么变化?

（3）喷发胶、定型泡沫有什么不同的使用效果?

（4）你或你周围的朋友有没有使用头发定型用品的经验，与大家分享一下。

任务总结

常用的定型用品有喷发胶、定型泡沫，两种定型产品的使用效果不同，可以根据不同使用场合选择合适的产品。

头发定型用品的主要原料是胶质原料，起到黏合定型作用。在不同种类的化妆品中都会加入胶质原料，它们起的作用不同。

习题

1. 胶质原料在不同化妆品中的作用有哪些不同？
2. 之前学过的哪些发用化妆品也能起到定型作用？
3. 定型用品中常用的成膜剂有______。（单选）

A.乙醇　　B.聚乙烯醇　　C.水　　D.氨水

模块总结

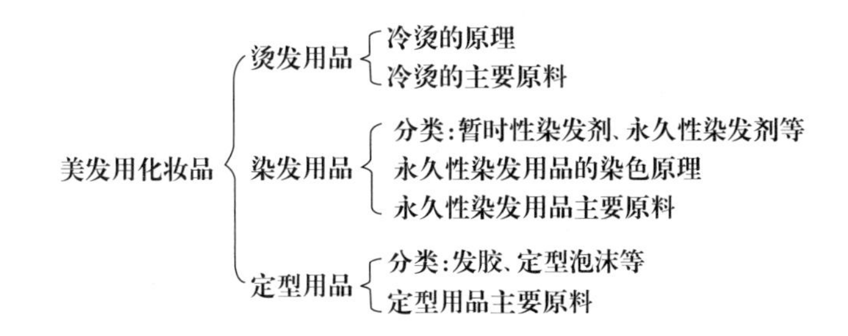

模块检测

1. 烫发剂的主要原料有哪些？
2. 试述暂时性染发和永久性染发的不同。
3. 你的朋友想烫发和染发同时进行，你有什么建议？为什么？
4. 使用定型类产品会对头发有什么影响？

参考文献

[1] 陈玲. 化妆品化学 [M]. 北京：高等教育出版社，2002.
[2] 李东光. 新型化妆品实用技术丛书——美容美发化妆品设计与配方 [M]. 北京：化学工业出版社，2018.
[3] 何秋星. 化妆品制剂学 [M]. 北京：中国医药科技出版社，2021.
[4] 吕维忠. 现代化妆品 [M]. 北京：化学工业出版社，2009.
[5] 董银卯. 化妆品配方设计与生产工艺 [M]. 北京：中国纺织出版社，2007.